rororo

Weshalb ist der Atlantik salziger als der Pazifik?

Wie kam der Ohrwurm zu seinem Namen?

Wieso fliegen Moskitos nicht auf jeden?

Wussten Sie, dass es Lebewesen mit drei Herzen gibt, Getränkeautomaten bereits in der Antike erfunden wurden und unsere Erde Töne von sich gibt?

Die Welt, in der wir leben, ist zum Staunen und voller Fragen. Hier finden Sie viele unterhaltsame Antworten – eine Blütenlese von der äußerst beliebten Webseite, auf der das Online-Magazin von GEO jede Woche nagende Fragen beantwortet.

Rowohlt Taschenbuch Verlag

Peter-Matthias Gaede Jens Rehländer (Hg.)

Wer pumpt die Luft in die Paprika?

Die schönsten «Fragen der Woche» von GEO.de

Für die Abbildungen danken wir:
Monika Beeck S. 109 und S. 127, Martin Tom Dieck c/o Contours, Hamburg S. 155, Nils Fliegner c/o Becker Illustrators, Hamburg S. 27 und S. 61, Orlando Hoetzel S. 16, 42, 84 und 101, Ulf Keyenburg S. 92, Bernd Mölck-Tassel c/o Contours, Hamburg S. 35, Siegmar Münk S. 69, Guido Sieber c/o Contours, Hamburg S. 137 und 145, Matthias Schwoerer S. 118, Josephine Warfelmann S. 51 und Peter O. Zierlein S. 77.

2. Auflage März 2006

Veröffentlicht im Rowohlt Taschenbuch Verlag,
Reinbek bei Hamburg, Januar 2006
Die Originalausgabe erschien unter dem Titel
«Wie laut war der Urknall» beim Rowohlt · Berlin Verlag

Herausgegeben von Peter-Matthias Gaede und Jens Rehländer
Lektorat Julia Kühn
Umschlaggestaltung ZERO Werbeagentur, München
(Foto: © FinePic)
Druck und Bindung Druckerei C. H. Beck, Nördlingen
Printed in Germany
ISBN 13: 978 3 499 62086 7
ISBN 10: 3 499 62086 3

Inhalt

Vorwort

Warum gibt es mehr Rechts- als Linkshänder? Müssen Bären während des Winterschlafs pinkeln? Wann hört die Erde auf, sich zu drehen? Wieso bekommen Jungen einen Stimmbruch, Mädchen aber nicht? Welcher Pilz frisst Sprengstoff? Warum weinen wir, wenn wir traurig sind? Trinken auch Fische Wasser? – So lauten «Fragen der Woche» von GEO.de, dem Onlineangebot der GEO-Zeitschriftengruppe. Wer die Erfolgsrubrik im Internet kennt, der weiß: Vorgefertigte Antworten gibt es nicht. Stattdessen sind die Kombinationsgabe, Neugier und Recherchelust der Nutzer gefordert. Der flinke Blick in elektronische Suchmaschinen oder gedruckte Lexika bringt einem nur selten die gesuchte Erkenntnis.

Jeweils eine Woche haben die Besucher Zeit, ihre eigene Antwort bei GEO.de zu veröffentlichen oder sich von den Beiträgen anderer bei ihrer Rätselei inspirieren zu lassen. Nach dieser Frist folgt die «offizielle» Auflösung durch die GEO.de-Redaktion. Den Lesern dieses Buches bleibt die Detektivarbeit erspart. Vor ihnen liegt eine Sammlung überraschender, kurioser, skurriler Fragen gleich samt der dazugehörigen informativen Antworten. Dabei spannen die Kapitel einen Bogen vom Anfang der Dinge und des Lebens bis zu ihrem Ende. Für die Buchveröffentlichung wurden die meisten Texte erweitert. Zudem wird jedes Kapitel mit einem thematisch verwandten GEO ZOOM beschlossen; einem komprimierten Wissensartikel, dessen roter Faden die numerische Vergrößerung oder Verkleinerung ist.

Auch wenn die inhaltliche Verlässlichkeit von GEO binnen gut 25 Jahren beinahe sprichwörtlich geworden ist: Nicht jede der hier abgedruckten Antworten *muss* der Weisheit letzter Schluss sein. Denn wie grau wäre die Welt des Wissens und der Wissenschaft ohne Widersprüche und neue Erkenntnisse? Wer also noch Aspekte beitragen möchte oder nicht glauben mag, dass etwa Klee ein Verhütungsmittel gegen Schwangerschaften ist oder dass Katzenhaie eckige Eier legen – der ist herzlich eingeladen, seine Meinung bei GEO.de im Internet zu publizieren. Denn eigens für die Leserinnen und Leser dieses Buches hat die Onlineredaktion ein Diskussionsforum eingerichtet. Man erreicht es unter folgender Web-Adresse: www.geo.de/urknall.

Jens Rehländer
Mitherausgeber, GEO-Redaktion
(rehlaender.jens@geo.de)

KAPITEL 1

Leib und Leben

14 Fragen rund um Geburt, Körper und Gene: von tierischen Hebammen, pflanzlichen Fingerabdrücken und männlichen Brustwarzen.

Gibt es auch bei Tieren Geburtshelfer?

Neues Leben zu gebären, ist nur selten ein einfaches Geschäft. Und nicht nur Menschen brauchen dabei manchmal Hilfe. So gibt es Hebammen zum Beispiel auch in der mikroskopischen Welt der Amöben. Diese Einzeller vermehren sich asexuell, indem sie ihr genetisches Material verdoppeln und zwei Zellkerne bilden. Die beiden Tochterzellen bilden zwischen sich zunächst eine schmale Taille, an deren Naht sie sich normalerweise trennen.

Doch bei der Amöbenart *Entamoeba invadens* kommt jeder dritte «Geburtsvorgang» vor der Vollendung zum Stillstand: Die beiden Zellen bleiben durch ein schmales Band verbunden.

Bisher sahen Wissenschaftler für dieses Problem des «Nicht-loslassen-Könnens» nur zwei Möglichkeiten: Entweder zerren und ziehen «Mutter» und «Kind» so lange an dem Band, bis es reißt; oder sie geben auf und werden wieder zu einer Zelle – mit zwei Kernen. Eine gemeinsame Studie von Physikern und Biologen des israelischen Weizmann Institute of Science entdeckte eine dritte und soziale Variante. Die Amöbe mit den Trennungsproblemen sendet einen chemischen Hilfeschrei aus, der im Umkreis von 200 Mikrometern von Artgenossen wahrgenommen wird. Sofort eilt eine «Hebamme» herbei, zwängt sich in die Taille zwischen die beiden Unzertrennlichen und drückt und schiebt so lange, bis die «Nabelschnur» reißt.

Schon seit längerem ist bekannt, dass Amöben über chemische Signale miteinander kommunizieren und kooperieren. So sind die Einzeller in der Lage, sich zu sammeln und aus 100 000 Mitgliedern soziale Verbände zu bilden: Schleimpilze oder Fortbewegungsaggregate. Mit Letzteren lässt sich zum Beispiel die Nahrungssuche schneller bewältigen. Während die Single-Amöbe für eine Strecke von einem Millimeter mehr als anderthalb Stunden braucht, bewegt sich die Gruppe um ein Vielfaches schneller.

Die Wissenschaftler versuchen die Zusammensetzung der Signalsubstanzen sowie den Mechanismus, der sie freisetzt und empfängt, zu erforschen. Die Erkenntnisse können wichtig sein bei der Bekämpfung von Infektionskrankheiten wie etwa der Amöbenruhr.

Die Gene aller Menschen sind zu 99,9 Prozent identisch. Stimmt das?

Ob groß oder klein, dick oder dünn, Europäer oder Asiate – ja, im Durchschnitt sind die Genome zweier Menschen zu 99,9 Prozent identisch. Da das Genom einer Körperzelle aber über je einen Chromosomensatz vom Vater und von der Mutter verfügt, mithin über sechs Milliarden Bausteine, beinhalten 0,1 Prozent Abweichung immerhin noch sechs Millionen Kombinationsmöglichkeiten.

Tragen alle Menschen das Herz auf dem «rechten Fleck» – also auf der linken Seite?

Nein: Man schätzt, dass bei einem von 8 000 bis 25 000 Menschen das Herz auf der rechten Seite schlägt. *Situs inversus* heißt diese Fehlbildung, für die vermutlich eine Mutation auf Chromosom 5 mitverantwortlich ist. Die meisten der Betroffenen leben völlig problemlos mit dieser körperlichen Eigenart, da bei ihnen nicht nur das Herz, sondern sämtliche inneren Organe «spiegelverkehrt» angeordnet sind. Offenbar zählt für den Körper allein diese innere Logik, um trotzdem «zu funktionieren».

Haben Katzen einen Bauchnabel?

Alle Embryonen von Säugern sind über eine Nabelschnur mit der Plazenta verbunden. In der Plazenta findet der Austausch des mütterlichen Blutes mit dem Blut des Kindes statt, das auf diese Weise mit Nährstoffen versorgt wird. Nach der Geburt stoppt die Durchblutung, sobald das Neugeborene anfängt zu atmen. Beim Menschen wird die Nabelschnur von einem Arzt, einer Hebamme oder den Eltern durchtrennt und zusammen mit der Plazenta (Nachgeburt) entsorgt. Bei fast allen übrigen Säugern beißt das Muttertier die Nabelschnur durch und vertilgt sie samt Plazenta.

Der am Bauch des Neugeborenen verbliebene Schnurrest vertrocknet binnen vier bis fünf Tagen und fällt dann ab. Doch nur beim Menschen und bei den Affen bleibt eine sichtbare Narbe – eben der Nabel – zurück. Bei den meisten übrigen Säugern verwächst die Stelle und ist später kaum mehr zu erkennen. So auch bei der Katze, die selbst rasiert scheinbar nabellos daherkommt.

Können Säugetiere Eier legen?

Ja, es gibt drei Arten von Säugetieren, die nicht lebend gebärend sind: zwei Ameisenigel-Arten und, als populärster Vertreter, das Schnabeltier. Trotzdem sind sie Säugetiere, denn wenn die Eier ausgebrütet sind, ernähren sich die Jungtiere an den Milchdrüsen ihrer Mütter, die allerdings keine Zitze besitzen, sondern in einem «Drüsenfeld» münden.

Haben eigentlich auch Bäume einen «genetischen Fingerabdruck» in Form von DNS?

So viel Holz stehlen Diebe aus den Wäldern British Columbias, dass die Provinz als einzige eine eigene Polizei-Einheit für «Forest Crimes» beschäftigt. Die will nun mit Genproben ausrücken, nachdem es Forschern gelungen ist, DNS (**D**esoxyribo**n**uklein**s**äure, die Trägerin der Erbinformation) aus Zedernholz zu isolieren. Der Weg von jedem Stück Holz, egal welcher Beschaffenheit, kann so zurückverfolgt werden. Wurde es illegal geschlagen, drohen den Tätern nach kanadischem Bundesrecht bis zu zehn Jahren Haft.

Wozu brauchen Menschen zwei Nasenlöcher?

Vorschlag für einen Selbstversuch: Bitte das linke Nasenloch zuhalten und bei geschlossenem Mund durch das rechte einatmen. Dann das rechte zudrücken und durch die linke Öffnung atmen. Man wird bemerken, dass eines der beiden Nasenlöcher die Luft leichter durchströmen lässt. Wiederholt man nach ein, zwei Stunden den Test, stellt man fest, dass nun das andere Nasenloch die Luft besser passieren lässt. Aber warum?

Forscher meinen bewiesen zu haben, dass die Natur auf diese Weise sicherstellen will, dass unterschiedlich flüchtige Substanzen gleich gut gerochen werden können. In einem Experiment sollten zwei Studentengruppen das pfefferminzähnlich riechende Carvon und das anisartig duftende Oktan einatmen. Beide Duftgemische waren identisch und enthielten die Stoffe im Verhältnis 50:50. Die Probanden kamen zu anderen Resultaten – und die hingen vom jeweils benutzten Nasenloch ab: Rochen sie mit dem gut durchgängigen Nasengang, gaben sie an, die pfefferminzartige Duftsubstanz überwiege in der Mischung. Umgekehrt war es, wenn sie den engeren Gang benutzten. Zumindest klingt diese Erklärung plausibler als jene, die ein GEO.de-Nutzer mailte: Man braucht zwei Nasenlöcher, damit man beim Popeln nicht erstickt.

Warum haben eineiige Zwillinge keine identischen Fingerabdrücke?

Ginge es ausschließlich nach den Genen, würden sich eineiige Zwillinge bis auf das einzelne Haar gleichen. Dass ihre Fingerabdrücke dennoch nicht identisch sind, liegt an nichtgenetischen Faktoren. Gemeint sind damit Umwelteinflüsse, die im Verlauf einer Schwangerschaft auf die Embryonen wirken: etwa ihre Lage oder die unterschiedliche Versorgung in der Gebärmutter mit Sauerstoff und Nährstoffen.

Im Übrigen: Wer seine linke und rechte Hand genau betrachtet, wird feststellen, dass sie sich meist in Größe und Form ein klein wenig voneinander unterscheiden. Auch die Beine eines Menschen sind häufig unterschiedlich lang oder die Brüste unterschiedlich groß. Selbst die beiden Körperhälften eines Menschen gleichen also einander nicht hundertprozentig.

Welches Tier hat drei Herzen?

Tintenfische sind die einzigen Lebewesen, in deren Körper gleich drei Herzen das Blut vorantreiben: Ein Zentralherz pumpt es direkt in Hirn und Körper des Kopffüßers, und vor den beiden Kiemen sorgt je ein Herz dafür, dass die Atmungsorgane rasch durchströmt werden.
So exzellent mit Sauerstoff versorgt, können sich moderne Tintenfische als Beutejäger betätigen, während ihr altertümlicher Verwandter, der Nautilus, noch ein Aasfresser ist. Die Kraft der drei Herzen verleiht dem Tintenfisch einen überaus gemächlichen Pulsschlag: rund 40 Takte pro Minute.

Warum müssen wir zum Friseur, Affen aber nicht?

Eigentlich muss niemand zum Haareschneiden gehen. Denn Haare haben nur eine begrenzte Lebensdauer. Ein Kopfhaar zum Beispiel wächst drei bis fünf Jahre täglich etwa 0,3 Millimeter, dann fällt es aus. Allerdings ist es bis dahin etwa 55 Zentimeter lang – und so eine Mähne ist nicht jedermanns Sache. Bei den Affen ist es ähnlich: Auch deren Fell erneuert sich dauernd – aber genau so, dass ihr Pelz immer die passende Länge und Dichte hat.
Unsere Körperhaare wachsen übrigens langsamer und fallen häufiger aus als unser Kopfhaar. Niemand muss also seine Wadenhaare rasieren, um nicht irgendwann über einen langen Wadenbart zu stolpern. Dass Haare schneller wachsen, wenn man sie häufig rasiert, ist allerdings eine Mär. Welchen biologischen Zweck das Halbmeter-Wachstum auf dem menschlichen Kopf nun hat, ist ungeklärt. Bis zur Antwort empfiehlt sich weiterhin der Gang zum Friseur.

Was ist der Unterschied zwischen einem Baum und einem Strauch?

Entscheidend ist nicht die Größe, sondern die Gestalt der Pflanzen: Ein Baum hat einen zentralen Stamm, von dem aus die Äste wachsen. Ein Strauch hingegen verzweigt sich bereits in Bodennähe.

Welches ist der größte lebende Organismus?

Im August 2000 gaben Forscher eine spektakuläre Entdeckung bekannt: In einem Wald im US-Bundesstaat Oregon hatten sie einen ko-

lossalen Pilz entdeckt, einen so genannten Dunklen Hallimasch. Auf rund neun Quadratkilometern machte sich der Riese breit; eine Fläche so groß wie 1200 Fußballfelder!
Wer sich jetzt einen riesigen Stiel mit Hut vorstellt, der einen ganzen Landstrich verdunkelt, liegt daneben. Der Hallimasch lebt nämlich, wie viele andere Pilzarten auch, zum größten Teil unter der Erdoberfläche. Nur an wenigen Stellen gucken kleine Schirmchen aus dem Waldboden hervor – das sind die Fruchtkörper. Sie enthalten die Sporen, aus denen sich neue Pilze entwickeln.
Den Methusalem-Hallimasch in Oregon schätzt man auf ein Alter von 2400 Jahren. Würde man den lebenden Pilz samt seiner unterirdischen Verzweigungen aus dem Boden ziehen, würde er nach wissenschaftlichen Berechnungen mehr als 100 Tonnen Gewicht auf die Waage bringen.

Warum gibt es mehr Rechts- als Linkshänder?

Seit alters gelten Linkshänder in fast allen Sprachen, Kulturen und Religionen als linkisch, link. Die rechte Hand hingegen hält man allgemein für rechtens, rechtschaffen. Frühgeschichtliche Steinwerkzeuge zeigen, dass Rechtshänder sie benutzt haben. Anhand eingeschlagener Schädelreste in Kenia datieren Anthropologen den Beginn der hominiden Rechtshändigkeit um mehr als zwei Millionen Jahre zurück.
Man vermutet, dass diese Eigenschaft auch genetisch fixiert sein muss: Schätzungsweise 90 Prozent der Weltbevölkerung sind Rechtshänder. Allerdings sind die Vererbungsgesetze rätselhaft. Denn Eltern, die beide linkshändig sind, bringen mehr Rechts- als Linkshänder zur Welt. Und bei eineiigen Zwillingen weisen nur 76 Prozent die gleiche Händigkeit auf. Linkshänder bleiben also für die Forschung auch weiterhin ein ungelöstes Geheimnis.

Warum haben Männer Brustwarzen, obwohl sie keine brauchen?

Obwohl das Geschlecht eines Menschen mit dem Eindringen des Spermiums in die Eizelle festgelegt ist, sind alle Embryonen gleichermaßen mit den genetischen Bausteinen für Brüste, Milchdrüsen und Brustwarzen ausgestattet und weisen das gleiche äußere Genital auf. Die se-

xuelle Grundausstattung ist also für alle werdenden Menschen gleich. Erst beim Fötus, also ab dem dritten Schwangerschaftsmonat, kann man weibliche und männliche Genitalien unterscheiden. Unter dem Einfluss des Hormons Testosteron wird bei Jungen in der Folge die Entwicklung von Brüsten verhindert.
Allerdings kann es während der Pubertät bei Jungen vorkommen, dass weibliche Hormone zeitweise überwiegen – und die Brustwarzen samt kleiner Brustrundung größer werden lassen. Später reguliert sich das Phänomen wieder – und es bleiben die funktionslosen Warzen flachbrüstig zurück.

In Zahlen ausgedrückt: Wie die Natur die Zahl der Nachkommen regelt

Eine Faustregel der Biologen sagt: Je kleiner eine Art, desto höher ihre Geburtenrate. Stimmt.

1 Kind auf einmal trägt nur die Menschenmutter in ihrem Bauch, relativ selten mehr. Auch Schimpansen, Blauwale, Elefanten und Riesenkängurus gebären fast nur Einzelkinder. Die Jungen der hoch entwickelten Säugetiere werden von ihren Eltern dann auch über lange Zeit mit großer Hingabe und Sorgfalt großgezogen.
Was den Nachwuchs betrifft, so gilt im Tierreich: Masse oder Klasse. Tiere mit wenigen Nachkommen investieren viel Energie in jedes einzelne Individuum. Es wird lange ausgetragen, gesäugt und erzogen. Eine Blauwalmutter ist ein ganzes Jahr lang schwanger, das junge Riesenkänguru darf sich ein Dreivierteljahr im Beutel schaukeln lassen. Die **2** bis **4** Löwenjungen eines Wurfes saugen länger als ein halbes Jahr an den Zitzen der Mutter. Eine Wölfin hingegen entwöhnt ihre bis zu **7** Welpen schon nach anderthalb Monaten.
Die Faustregel heißt: Je kleiner die Tiere, desto zahlreicher der Nachwuchs. Kaninchen bringen es schon mal auf **10** nackte, blinde Junge, die bereits nach drei Wochen herumhopsen und nach frühestens vier Monaten sich selber dem sprichwörtlich raschen Fortpflanzungsgeschäft widmen. Karnickel sind fast ebenso fruchtbar wie Kakerlaken, von denen die Wärme liebende XXL-Ausführung *Periplaneta americana* **12** in Schalen gehüllte Embryonen in ihrem Eikästlein mit sich herumträgt,

bis sie ein geeignetes Versteck dafür gefunden hat. Noch mehr Nachwuchs haben Ratten: Im dunklen Kanal oder Keller wirft die Rättin jedes Mal bis zu **15** piepsende Nager.

Insekten setzen meist auf Überleben durch Überschuss, produzieren massenhaft Nachkommen und können so einen Lebensraum überaus rasch kolonialisieren. Aus den **300** Eiern, die eine Stechmücke auf die Wasserfläche von Teichen, Pfützen oder Regentonnen legt, entwickeln sich schon nach 30 Tagen neue Quälgeister. Die Stubenfliege hinterlässt in einer Saison bis zu **1000** Eier in Mist oder Kehricht, aus denen sich innerhalb von zwei Wochen fertige Brummer entwickeln, die dann alles – ob Kot, ob Kuchen – berüsseln.

Wer seine Brut nicht beaufsichtigt, muss schon viel potenziellen Nachwuchs produzieren, damit wenigstens ein paar Sprösslinge überleben. Etwa **4000** Quappen entwickeln sich aus dem glibberigen Klumpen, den ein Grasfrosch-Weibchen im Frühjahr in den Tümpel gleiten lässt. Doch davon schaffen es nur wenige bis zum erwachsenen Frosch. Im Meer ist das Risiko noch größer, sodass sich besondere Fortpflanzungsmühen nicht lohnen: Die bis zu **60 000** Eier eines Herings etwa werden per Zufall im Wasser besamt.

Fressfeinde lauern überall. In Meerwasser wimmelt es von einer Vielzahl unterschiedlicher Eier, die andere Meereswesen sich nur einverleiben müssen, um satt zu werden. Beim Kabeljau beträgt die Chance, dass eines der bis zu **7 000 000** Eier zur Larve heranwächst und diese dann alle Angriffe von gierigen Krebsen, Quallen und Würmern überlebt, zwischen 0,1 und 0,001 Prozent.

Die Eier vieler Parasiten wie die des Band- und des Spulwurms, der Trichine und des Leberegels gelangen überhaupt nur durch Zufall in ihren Lebensraum – falls der Wirt sie verschluckt. Einmal in dessen Leib gelandet, verwandeln sich diese Tiere in reine Eierfabriken. Andere Organe verkümmern. Aus dem Rinderbandwurm lösen sich täglich Hunderttausende von Eiern ab, der Spulwurm im Menschendarm legt sogar bis zu **80 000 000** jährlich.

Die mit Abstand fruchtbarste Gebärmaschine des Tierreichs ist allerdings die Termitenkönigin: Aus ihrem fingerlangen aufgeschwemmten Hinterleib quellen an einem guten Tag 86 000 Eier. Und das ergibt weit über **1 000 000 000** Nachkommen während ihrer etwa 50-jährigen Lebenszeit.

KAPITEL 2

Du bist, was du isst

15 Fragen zum Essen und Gefressenwerden: von Sprengstoff, Stäbchen und Skorbut.

Welcher Pilz frisst Sprengstoff?

In deutschen Böden ruht ein fatales Krebs erregendes Gift: der Sprengstoff TNT (Tri-Nitro-Toluol). Tausende ehemalige Sprengplätze, Munitionslager und -fabriken sind vermutlich verseucht. Ein einheimischer Speisepilz ist auserkoren, die Kriegslasten zu entsorgen: Die Braunkappe (*Stropharia rugoso annulata*) verfügt über ein Enzym, das TNT-Moleküle aufbrechen und unschädlich machen kann.

TNT ist durch seine Struktur – einen zähen Kohlenstoffring mit Stickstoffanhängseln – extrem langlebig. Bisher konnte mit dem Sprengstoff belastete Erde nur durch Ausglühen entseucht werden. Bei diesem aufwendigen Verfahren wird allerdings nicht nur der Sprengstoff zerstört; die Hitze tötet auch alles Leben im Boden.

Da ist der Einsatz von Braunkappen weitaus schonender. Deren Kulturen werden für die Bodensanierung 30 Zentimeter tief in die Erde eingegraben. Sodann machen sich ihre chemischen Werkzeuge, die Enzyme, an die Arbeit und stellen kleine, besonders aggressive Stoffteilchen her: so genannte Radikale. Diese setzen sich in die Zwischenräume der TNT-Verbindungen und zerstören die Elektronen – negativ geladene Teilchen, die das Kohlenstoffgerüst wie Kitt zusammenhalten. Ist das TNT im Boden aufgezehrt, verschwindet auch die Braunkappe wieder.

Wer erfand das Croissant?

Nicht etwa die Franzosen, sondern die Bäcker von Wien. Angeblich waren sie es, die 1683 maßgeblichen Anteil an der Vereitelung eines Invasionsversuchs der Türken hatten. Zum Gedenken an ihre Heldentat schufen sie ein süßes Brötchen in der Form eines «türkischen» Halbmondes – auf Französisch «Croissant» genannt.

Wer pumpt die Luft in die Paprika?

Der Hohlraum in der Paprika ist im genetischen Bauplan programmiert: Die Frucht entwickelt sich aus mehreren Fruchtblättern (Fruchtknoten), die am Rand miteinander verwachsen und die Samenanlage einschließen. Anfangs bilden sich mehrere Hohlräume. Die Kammerwände halten jedoch mit dem schnellen Wachstum der Fruchtblätter nicht Schritt und reißen ein – so entsteht eine einzige luftgefüllte Kammer.
Im Pflanzengewebe finden zwei Gasstoffwechsel statt: zum einen die Photosynthese (Assimilation), bei der Kohlendioxid aus der Luft verbraucht und Sauerstoff aus der Spaltung von Wasser gewonnen wird. Zum anderen wird bei der Atmung (Dissimilation) Kohlenstoff unter Verbrauch von Sauerstoff verbrannt. Die Gase, die bei diesem Stoffwechsel entstehen, diffundieren durch die Paprikawand – und zwar sowohl nach innen durch Spaltöffnungen in der gewachsten Außenhaut als auch nach außen. Die Paprika kontrolliert durch die Haut also gleichsam den Gasdruck im Innern. Deshalb wird sie manchmal auch als «aufgeblasene Beere» bezeichnet. Denn wie die Tomate, der Kürbis oder die Gurke zählt die Paprika nicht zu den «Schoten», sondern zu den Beerenfrüchten.

Warum tunkt man einen Keks vor dem Verzehr in heißen Tee oder Kaffee? Und wie kann man verhindern, dass er dabei auseinander fällt?

Forscher der University of Bristol haben herausgefunden, dass das Tunken von Keksen in heiße Flüssigkeit den Geschmack des Gebäcks besser zur Geltung bringt: Das Aroma ist bis zu zehnmal intensiver als beim Trockenessen. Der Keks zerfällt, weil sich der Zucker in ihm auflöst, der die Stärkebröckchen zusammenhält. Dieser Vorgang wurde bereits in einer Formel festgehalten: Der durchschnittliche Porendurchmesser

des Kekses ist gleich der vierfachen Viskosität des Tees, multipliziert mit der quadrierten Höhendifferenz des Tees beim Tunken, geteilt durch die Oberflächenspannung des Tees und multipliziert mit der Zeitdauer des Tunkens.
Um das Zerfallen eines Schokoladenkekses beim Tunken zu vermeiden, empfehlen die Forscher, ihn flach mit der Gebäckseite voran einzutauchen, damit wenigstens die Schokoladenseite – sofern vorhanden – stabil bleibt. Alles andere ist eine Frage von Tauchgeschwindigkeit und -dauer.

Warum sind wilde Flamingos rosa und Zoo-Flamingos oft blass?

In der freien Wildbahn ernähren sich Flamingos von Algen, Insekten und Schalentieren, die roten Farbstoff (Karotin) enthalten. In den Tierparks wurden sie früher mit «farblosem» Hühnerfutter versorgt und verblassten deshalb. Heute wird ihrem Futter Betakarotin zugefügt. Je nach Dosierung leuchtet das Zoogeflügel dann von zartrosa bis grellpink. In freier Wildbahn signalisiert die Färbung des Gefieders die Geschlechtsreife der Tiere. Je röter, desto paarungsfähiger; junge Flamingos dagegen sind annähernd weiß.
Reichhaltiger Karotingenuss ist übrigens auch den menschlichen Babys häufig ins Gesicht geschrieben – als Folge der Karottensäfte und -breie. Und auch die unterschiedlich intensive Rotfärbung von Lachsfleisch beruht auf der Karotinzufuhr, die die Tiere in den riesigen Zuchtstationen erhalten.

Wo wurde der Ketchup erfunden?

Eine eingedickte Würzsauce war schon den alten Römern bekannt, aber mit Ketchup hatte sie nicht viel zu tun. Dessen Vorläufer stammte wohl ursprünglich aus China und kam als «kechap» vom Malaiischen Archipel nach Europa. Auf die Idee, die Sauce mit Tomaten anzureichern, kam man erst 1790 – in Nordamerika.

Warum leiden Nordkanadas Ureinwohner, die Inuit, nicht unter der Vitamin-C-Mangelkrankheit Skorbut, obwohl sie nie Früchte essen?

Auf die richtige Spur führt der früher gebräuchliche Name für die Inuit: «Eskimo». Übersetzt bedeutet dieses Wort so viel wie «Rohfleischesser». Im rohen Fleisch ist Vitamin C zur Genüge enthalten. Erst durch Erhitzung – Kochen oder Braten – geht es verloren.

Da die Inuit Fleisch auch heute noch bevorzugt roh genießen, können sie sich den Weg zum Gemüseladen also sparen. Bedroht wird ihre Gesundheit durch eine ganz andere überlieferte Speisegewohnheit: ihre Vorliebe für schieres Fett, zum Beispiel vom Wal oder von der Robbe. Als die Inuit noch eifrige Jäger waren, war die fetthaltige Ernährung sinnvoll. Heute jedoch jagen auch sie hauptsächlich zum Zeitvertreib. Fett und mangelnde Bewegung sorgen für Übergewicht und Herzbeschwerden – typische Zivilisationskrankheiten.

Polarforscher, die die extrem Vitamin-A-reichen Lebern von Robben oder Eisbären verspeisten, bezahlten dafür mit Haarausfall, Kopfschmerzen und Krämpfen – Folgen der Überdosierung, mit den die ungeübten Stoffwechsel der Fremden nicht fertig wurden.

Warum essen viele Asiaten mit Stäbchen?

Stäbchen sind die optimalen Esswerkzeuge für Kleingeschnittenes, für Geschnetzeltes. Etwa seit 4000 Jahren essen Chinesen – heute auch Koreaner, Japaner und Vietnamesen – vorwiegend mit Stäbchen. Seit der Zhou-Periode galt es als unfein, mit einem Messer an der Tafel zu hantieren. Mit der neuen Sitte setzten sich Gelehrte und Beamte, überhaupt der gebildete Stand, vom derben Schlag der Krieger ab. Am Tisch mit einem Messer zu sitzen, wurde zudem häufig als gegenseitige Bedrohung angesehen.

Mit den Fingern zu essen, wie beispielsweise Inder und Araber das vorzugsweise tun, galt und gilt in Ostasien als unfein, unhygienisch und unbequem – Chinesen essen heiß!

Tausende von Metern unter der Meeresoberfläche leben Riesenbartwürmer, Krebse und Bakterien im ewigen Dunkel. Obwohl in der Tiefsee Photosynthese unmöglich ist, erhält die Fauna genug Energie für ihren Stoffwechsel. Woher?

Ausgerechnet Schwefelwasserstoff, der für die meisten Lebewesen giftig ist, ermöglicht den Tiefseebewohnern ihr Dasein. Das brisante Gemisch brodelt aus Schloten am Meeresgrund direkt aus dem Erdinnern empor. Mit Hilfe des Schwefelwasserstoffs bauen Bakterien auf eigenwilligen Stoffwechsel-Wegen aus Kohlendioxid Biomasse auf, von der sich dann höhere Tiere ernähren: Schnecken und Garnelen weiden Bakterienrasen ab. Muscheln und Würmer filtern schwebende Mikroben aus dem Wasser.

Manche Kreaturen pflegen besonders intime Beziehungen zu Mikroorganismen: Der Riesenbartwurm (*Riftia pachyptila*) etwa hat keinen Verdauungstrakt. Als Untermieter hausen Schwefelbakterien in den Zellen seines lang gestreckten Körpers, die ihm Biomoleküle wie Zucker und Aminosäuren zur Verfügung stellen. Und im Gegenzug versorgt der Wurm seine winzigen Helfer via Kiemen und Kreislauf mit Nährstoffen.

Warum verdammte die katholische Kirche jahrhundertelang die Gabel als Teufelszeug?

Weil die von Gott gegebenen Speisen einzig mit den von Gott gegebenen Fingern gegessen werden sollten. Erst im 16. Jahrhundert konnte sich das erstarkende Bürgertum gegen das Kirchendiktum durchsetzen. Seither ist der Gebrauch von Gabeln üblich.

Wo sind Fische mal bekömmlich, mal tödlich?

In der Südsee und Karibik kann es passieren, dass ein in einer Lagune gefangener Fisch tödlich wirkt; ein Fisch derselben Art, auf der anderen Riffseite aus dem Meer geholt, hingegen köstlich mundet. Zwei Wochen später ist wiederum der umgekehrte Fall möglich. Wissenschaftler führen das Phänomen auf die Algen in den Lagunen zurück. Auf Umweltfaktoren wie Hurrikans, aber auch Dynamitfischerei, reagieren sie kurzfristig mit Stress – und produzieren dabei den Giftstoff Ciguatera. Die Fische sind dagegen immun, fressen das toxische Grünzeug also unbeeindruckt weiter. Nur für die Menschen werden sie dann ungenießbar. Einheimische Insulaner sehen den Fischen ihre Qualität gleichsam an. Touristen hingegen, die sich als Angler selbst versorgen wollen, sollten unbedingt auf der Hut sein!

Warum werden junge Menschen heute größer als ihre Vorfahren?

Dafür gibt es nach Ansicht der Auxologen – so nennen sich Angehörige der interdisziplinären Forschungsrichtung, die sich mit dem Phänomen Längenwachstum beschäftigen – vermutlich drei Gründe: eine bessere vorgeburtliche Versorgung, eine bessere, weil proteinreichere Ernährung und nicht zuletzt verbesserte soziale Bedingungen. Auch eine bessere genetische Mischung mag eine Rolle spielen.
Eindeutig nachgewiesen ist, dass die Körpergröße einen brauchbaren Indikator für das allgemeine Wohlergehen der Menschen darstellt. So wird der deutsche Spät-Teenie heute etwas mehr als zehn Zentimeter größer als seine Geschlechtsgenossen vor 150 Jahren. 1,80 Meter misst der junge Mann derzeit im Schnitt.
Eine Randbemerkung noch: Abends sind Erwachsene geringfügig kleiner. Der Grund: Die Bandscheiben geben unter dem Alltagsdruck ein wenig ihrer Flüssigkeit ab und regenerieren sich nachts während des Schlafs. Morgens hat man dann seine normale Größe wiedererlangt.

Welche Pflanzen fressen Frösche?

Dass auch hierzulande einige Gewächse Fliegen und ähnliche Insekten vertilgen, ist bekannt. In Südostasien dagegen lauert ein regelrechter botanischer Fleischfresser seinen Opfern auf: die Kannenpflanze. Forscher kennen fast 80 verschiedene Arten. Die meisten ranken sich an Bäumen oder Büschen empor – oft bis zu 15 Metern hoch.
Die großwüchsige Gattung *Nepenthaceae* formt mit ihren Blättern schlüpfrige Trichter. Manche erinnern in ihrer Form an kleine Saxophone, andere an winzige Kloschüsseln. Die größten Kannen werden bis zu 35 Zentimeter groß. Getier, das über den gewachsten Rand ins Blütengefäß schlittert, ist verloren. Denn in der «Kanne» schwimmen bis zu fünf Liter Flüssigkeit, deren Eiweiß spaltende Enzyme alles verdauen – eben auch Frösche samt Haut und Knochen.

Allerdings ernährt sich das gefräßige Gemüse nicht ausschließlich von Lebendfutter: Fleisch fressende Pflanzen haben auch normale Blätter, mit denen sie Sonnenenergie tanken; und ihre Wurzeln holen Wasser und Nährstoffe aus der Erde. Sie wachsen jedoch meist auf kargen Böden. Und um nicht zu verhungern, gibt es Krabblerkost.

Warum sollen Babys möglichst viel gekochten Spinat essen?

Müssen sie gar nicht. Aus welchen Gründen auch immer hält sich der Irrglaube, Spinat führe dem Körper besonders viel gesundes Eisen zu. In Wahrheit enthalten 100 Gramm Spinat nur 2,2 Milligramm des lebenswichtigen Metalls; Schokolade etwa bietet die dreifache Konzentration, Leberwurst 5,9 Milligramm und Rindfleisch immerhin noch 3,3 Milligramm pro 100 Gramm Lebensmittel.
Die Deutsche Gesellschaft für Ernährung empfiehlt den Konsum von 10 bis 15 Milligramm Eisen pro Tag – damit der Körper auf jeden Fall das Mindestmaß von einem Milligramm tatsächlich in den Stoffwechsel einbauen kann. Denn die Übernahme von Eisen, zumal aus gekochtem Spinat, gelingt nur schwer. Empfehlenswerter sei auf jeden Fall der Verzehr von Spinat in rohem Zustand, also als Salat.
Letztlich streiten sich die Gelehrten auch, ob das Wiederaufwärmen des Grünzeugs für Kinder sogar gesundheitsschädlich ist. Hierbei geht es um das Risiko, dass sich Nitrat nach mehrmaligem Erwärmen in Nitrit und schließlich in giftige, Krebs fördernde Nitrosamine verwandelt. Entschieden ist der Konflikt noch nicht. Lebensmittelexperten weisen allerdings darauf hin, dass das Gesundheitsrisiko schon bei Grillwürstchen viel höher sei.
Wer Spinat mag, sollte sich von all den Debatten den Appetit nicht verderben lassen. Und wer während seiner Spinatmahlzeit auf Fleisch nicht verzichten will, sei auf die Erfolge japanischer Gentechniker verwiesen: Die gaben im Januar 2002 bekannt, man habe ein Spinatgen mit der Bezeichnung FAD2 in das Erbgut von Schweinen eingebaut. Das Fleisch enthalte weniger gesättigte, dafür mehr ungesättigte Fettsäuren, was der Ernährung des Menschen besonders zugute käme. Ob das Fleisch für den Genuss tatsächlich unbedenklich ist, muss nun aber erst noch getestet werden. Mahlzeit!

Warum schmeckt Almkäse immer besser als Käse aus dem Tal?

Weil die Kühe auf den Almen sich wesentlich besser ernähren als ihre talabwärts lebenden Artgenossen. Die Eidgenössischen Forschungsanstalten für Milchwirtschaft und Pflanzenbau sind der Sache in den Schweizer Kantonen Waadt und Fribourg auf den Grund gegangen. Sie ließen Greyerzer Käse auf 600, 1000, 1300 und 2100 Metern über dem Meeresspiegel nach identischen Rezepten herstellen und gemeinsam im Keller reifen. Bei der blinden Verkostung stellten die Tester fest: Die beiden höher gelegenen Käsereien produzierten den mit Abstand würzigeren Käse.

Der Grund: das Grünfutter des Milchviehs. Exakte botanische Analysen ergaben, dass die Talwiesen lediglich sechs Pflanzenarten – ausschließlich Gräser und Klee – für die Kühe im Angebot hatten. Auf Almwiesen hingegen gedeihen mehr als 50 Pflanzenarten. Unter ihnen zahlreiche Kräuter, deren Terpene (Bestandteile ätherischer Öle) den intensiven Geruch und Geschmack des Bergkäses verursachen. Die Milch von Hochalmkühen enthält zudem mehr Zink, Mangan, Eisen, ungesättigte Fettsäuren, Essig-, Ameisen- und die für den menschlichen Stoffwechsel wichtigen Aminosäuren.

Lange rätselten die Schweizer Forscher über den pikanten Hauch «polyzyklischer aromatischer Kohlenwasserstoffe» in einer der Käseproben. Er stammte aus dem Rauch der höchsten Alm – dort werden Molke und Käsebruch noch durch vorsichtiges Erhitzen über offenem Feuer voneinander getrennt.

In Zahlen ausgedrückt: Wer vom Menschen nascht

Ob Vagabunden, Reisende, Dauergäste: Mikroben leben beim unfreiwilligen Gastgeber Mensch wie im Schlaraffenland.

Was hat dieser Hotelbetrieb seinen Gästen nicht alles zu bieten: Blut, Talg, Haare, Schleimhäute, meterlange Darmschlingen. Kein Wunder, dass er von zahllosen Mikroorganismen besucht wird. Die meisten dieser Kleinstlebewesen sind harmlos, sogar nützlich. Aber nicht alle sind willkommen. Vor allem die winzigsten setzen dem Wirt zu: die Viren. **0,00002** Millimeter misst der kleinste dieser gefürchteten Krankheitserreger. Viren sind noch nicht einmal Zellen, sondern so etwas wie «vagabundierende Gene». Sie bestehen aus einer mit Nukleinsäuren gefüllten Proteinhülle und können sich nicht selber ernähren und fortpflanzen. Genau das macht Viren so gefährlich: Sie schleusen ihre Erbsubstanz in die Wirtszellen ein und zwingen diese, neue Viren-Nukleinsäuren herzustellen.

Auch Pilze gehören zu den ungebetenen Gästen im «Wirtshaus Mensch». Die Einzeller unter ihnen sind im Schnitt **0,0007** Millimeter klein und leben von organischem Material. Allerdings müssen meist nur Wirte mit geschwächtem Immunsystem befürchten, dass auf Haut und Schleimhäuten Hefe- und Schimmelpilze sprießen.

Absolut störende Besucher sind die Parasiten. Winzige, einzellige Tiere gehören dazu – die Protozoen. Mitunter nur **0,005** Millimeter groß, können sie schwere Krankheiten auslösen. Malaria etwa wird durch das **0,01** Millimeter lange Sporentierchen *Plasmodium* hervorgerufen.

Auch winzige Mehrzeller fühlen sich beim Menschen wohl – Parasiten, die der Wirt gern schnell wieder loswerden würde. Was bei den **2** Arten von Läusen, die in Mitteleuropa den Menschen befallen, gar nicht so einfach ist: Kopf- und Filzläuse klammern sich mit kräftigen Klauen eisern an Haupt- oder Schamhaaren fest. Die Kopflaus kann das 2000fache ihres Eigengewichtes tragen, ohne loszulassen. Die Kraft dafür holt sie aus dem Blut, das sie spätestens alle **3** Stunden saugt.

Eine Etage tiefer, im Gesicht, halten sich Haarbalgmilben am liebsten auf. Ganze Familien mit durchschnittlich **4** Mitgliedern klumpen sich um ihre Nahrungsquelle: die Talgdrüsen. Die gibt es an Nase, Kinn, Stirn, Wangen und Lippen reichlich. Die achtbeinigen Spinnentiere sind harmlose Talgfresser und rufen normalerweise keine Krankheiten hervor – im Unterschied zur Krätzmilbe. Sie gräbt bis zu **5** Zentimeter lange Gänge in die Haut und verursacht so die unangenehm juckende Krankheit, nach der sie benannt worden ist: Krätze.

Die größten Parasiten quartieren sich in den verschlungenen Darmwindungen eines Menschen ein. Bandwürmer können bis zu **12** Meter lang werden. Sie bringen es auf eine mittlere Lebensspanne von 18 Jahren – Zeit genug, um rund zehn Milliarden Eier zu produzieren.

Die meisten Gäste des «Hotel Mensch» verhalten sich friedlich. Zum Beispiel die Bakterien, Einzeller ohne echten Zellkern. Ob sich ein Bakterium alle **15** Minuten in der Mitte schnürt und in zwei Tochterzellen aufteilt oder erst alle **20** Stunden, hängt von der jeweiligen Art und der Umgebungstemperatur ab. Denn eines schätzen alle bakteriellen Gäste: die menschliche Körpertemperatur von durchschnittlich **37** Grad Celsius.

Und Bakterien mögen es feucht. Besonders dicht besetzen sie die Schleimhäute und den Verdauungstrakt. Entsprechend groß ist dort die Biodiversität. Auf rund **500** Arten schätzen Mikrobiologen die Normalflora des Dickdarms. Was sind da schon schlappe **1000** Staphylokokken-Keime auf einem Quadratzentimeter trockener Haut verglichen mit **1 Million** pro Milliliter feuchten Speisebreis im Krummdarm? Oder den **100 Millionen**, die sich in einem Milliliter Speichel tummeln?

Am dichtesten besiedeln die Bakterien den Dickdarm. Einer der ersten Mieter, der sich schon beim Säugling einnistet, ist das Bakterium *Escherichia coli*. Alle 20 Minuten teilt es sich, sodass in weniger als zehn Stunden aus zwei Bakterien **1 Milliarde** entstanden sind. Der Stuhl im Dickdarm ist besonders dicht bevölkert. Pro Gramm drängen sich dort ungefähr **100 Milliarden** Bakterien. Insgesamt leben im Darm rund **100 Billionen** Mikroben – über 16 000-mal mehr als Menschen auf der Erde.

KAPITEL 3

Drehen, reiben, haften

12 Fragen zu physikalischen Kräften: von hängenden Australiern, Superklebern und knallharten Zähnen.

Warum haben Australier nicht das Gefühl, auf dem Kopf zu stehen?

Das liegt am Schwerkraft-Kontrolleur in unserem Ohr: Dort befindet sich das Gleichgewichtsorgan, das ständig misst, wo oben und unten ist. Und die Schwerkraft wirkt eben nicht zum Südpol der Erde hin, sondern immer in Richtung des Zentrums einer Masse – in diesem Fall also in Richtung Erdmittelpunkt. Deshalb bleiben auch die Australier mit beiden Beinen fest auf ihrem Kontinent stehen – obwohl die Südlage auf dem Globus die Annahme nahe legt, dass sie sich doch eigentlich auf dem Kopf stehend vorkommen müssten.

Warum dreht sich die Erde im Herbst schneller als im Sommer?

Auf der Nordhalbkugel befindet sich die Hauptlandmasse der Erde. Im Herbst fallen dort die Blätter von den Bäumen, und diese Biomasse rückt dichter an den Erdmittelpunkt heran. Bedingt durch den Pirouetteneffekt dreht sich die Erde dann schneller – wenn auch nur für einen winzigen Sekundenbruchteil. Im Frühjahr, wenn die Bäume erneut ausschlagen, verlangsamt sich die Rotation wieder.

Wenn wir ein Klavier in den vierten Stock tragen, gewinnt es potenzielle Energie (Lageenergie). Werfen wir das Instrument anschließend aus dem Fenster, wandelt sich die Lageenergie in Bewegungsenergie um. Das machen wir aber nicht. Stattdessen verbrennen wir das Klavier im vierten Stock. Wo bleibt dann die Lageenergie?

In diesem Fall bleibt die Masse und damit die potenzielle Energie des Klaviers erhalten. Nur, dass sie jetzt in der Asche, in den Gas- und Rauchmolekülen weilt. Die Lageenergie des Klaviers wird nicht etwa in Wärmeenergie umgewandelt. Sonst würde das Klavier im vierten Stock ja heißer verbrennen als im Keller.

Er steht nur scheinbar schwerelos am Himmel – wie viel wiegt der Mond?

Das Gewicht eines Körpers hängt davon ab, wo er sich befindet. Auf der Erde sind Astronauten zum Beispiel viel schwerer als auf dem Mond. Denn der Mond besitzt weniger Masse als die Erde, und deshalb zieht er den Astronauten weniger stark an. Könnte man den Mond auf eine irdische Waage legen, würde er 70 Trillionen (eine 7 mit 19 Nullen!) Tonnen wiegen. Auf seiner eigenen Oberfläche hingegen wiegt er «nur» zwölf Trillionen Tonnen.

Wo rauschen die höchsten Wasserfälle der Welt?

Unter dem Meeresspiegel zwischen Grönland und Island. Dort, an der nordatlantischen «Dänemarkstraße», sinken auf einer Breite von 200 Kilometern jede Sekunde mehrere Millionen Kubikmeter Kaltwasser 2300 Meter in die Tiefe hinab. So gewaltig dieses Phänomen auch ist: Unter Wasser würde man nichts davon hören. Trotzdem gibt es auch im Ozean viele Geräusche. Meeresforscher verstärken sie mit modernen Akustikanlagen wie zum Beispiel SOSUS (**SO**und **SU**rveillance **S**ystem). So kann man hören, wie Eisberge bersten, unterseeische Vulkane grummeln, Wale bellen, schnattern, klicken und singen – oder schwere Regenschauer auf die Wasseroberfläche pladdern.

Auf ihrem Weg durch das All steuern Raumsonden auf Himmelskörper zu und werden von deren Schwerkraft angezogen und beschleunigt. Warum werden sie nicht durch die Anziehungskraft der Planeten gebremst, wenn sie sich von ihnen wegbewegen?

Stünden Planeten auf der Stelle, würde genau dies passieren. Doch Jupiter, Saturn & Co. stehen nicht still, sondern bewegen sich auf ellipsenförmigen Bahnen um die Sonne. Kommt eine Raumsonde in den Bereich ihrer Anziehungskraft, wird der winzige Körper wie an einem unsichtbaren Band mitgerissen. Die Energie, die dafür notwendig ist, liefert der Planet – er wird gebremst, die Sonde beschleunigt und dadurch weggeschleudert.

Vereinfacht dargestellt: Der Sonde ergeht es wie einem Wasserskiläufer, der, anstatt die Kurvenbewegung des Motorboots mitzumachen, geradeaus weiterfährt.

Welches ist die härteste Substanz im menschlichen Körper?

Um wirklich kraftvoll zubeißen zu können, brauchen wir einen superharten Zahnschmelz. Er besteht überwiegend aus Hydroxylapatit. Doch auch die härteste Substanz in unserem Körper ist nicht allen Anforderungen gewachsen. Wer sich etwa beim Kronkorkenöffnen ein Stück Zahn abbricht, hat Pech: Das Material erneuert sich nicht.

Mal angenommen: Durch die Erde wird ein Tunnel gegraben von einem Pol zum anderen. Was passiert, wenn durch dieses Loch ein Stein fällt?

Der Stein würde – Reibungseffekte vernachlässigt und die Erddichte vereinfachend als konstant angenommen – bis zum Erdmittelpunkt immer schneller fallen. Von dort aus würde sich seine Geschwindigkeit stetig reduzieren, bis er, an der Erdoberfläche angekommen, stehen bleibt und erneut ins Loch und durch die Erde fällt. Der Stein könnte also ewig zwischen den Tunnelöffnungen hin und her pendeln. Aber da das Innere der Erde aus mehrere tausend Grad heißem Magma besteht, würde er schon bei der ersten Durchfahrt schlicht schmelzen.

Warum brodelt Wasser, wenn es kocht?

Erhitzt man Wasser im Topf, bilden sich Blasen am Boden. Dann brodelt und blubbert es immer heftiger. Die Blasen steigen auf. Lässt man den Topf auf dem heißen Herd, ist alles Wasser irgendwann verkocht. Es hat sich dann wie in Luft aufgelöst.
Anfangs hängen die Moleküle des Wassers (H_2O) noch aneinander. Je heißer es nun im Topf wird, desto schneller schwingen diese Moleküle – und desto schwächer wird ihr Zusammenhalt. Bei 100 Grad wird die Geschwindigkeit so groß, dass sich die winzigen Teilchen voneinander befreien können. Das Wasser geht dann in seinen gasförmigen Aggregatzustand über – in Dampf. Die Bläschen bestehen also aus gasförmigem Wasser, das in die Luft aufsteigt, bis der ganze Topfinhalt verdampft ist.

Wie entsteht Treibsand?

Gruselig! Da spaziert man am Strand entlang – und plötzlich gibt der Boden nach. Man versinkt erst bis zum Knöchel, dann bis zum Knie, dann immer tiefer ... Fast überall, wo ein grobkörniger Sandboden mit viel Wasser durchsetzt ist, kann Treibsand entstehen. Normalerweise besteht zwischen den einzelnen Sandkörnern eine Haftreibung: Die Körner können nicht wegrutschen; man kann ungefährdet über den Boden gehen. Kritisch wird es, wenn Wasser ins Spiel kommt. Ist nämlich mehr davon vorhanden, als der Sand aufnehmen kann, werden die einzelnen Körner von Wasser umschlossen. Eine eher flüssige Mischung entsteht. Außerdem können sich Hohlräume bilden, die voll Wasser laufen. Da der Sand nun sozusagen auf Wasser «schwimmt», ist kaum noch Reibung vorhanden. Die Körner haben keinen Halt mehr: Der Sand wird bei Belastung beweglich. Vorsicht also an Flussufern, Stränden oder in Sumpfgebieten. In der Wüste dagegen, wo man das Phänomen am ehesten vermutet, kommt Treibsand nicht vor – es fehlt an Wasser.

Welche Kräfte lassen das Meerwasser zirkulieren?

Neben dem Wind, der die oberflächennahen Meeresströme antreibt, sollen die Gezeiten jene zweite große Kraft sein, die warmes und kaltes, salzarmes und salzreiches Wasser innerhalb der Meere zum Kreisen bringt. Das haben die Geophysiker vom Nasa Goddard Space Flight Center und vom College of Oceanic and Atmospheric Sciences an der Oregon State University herausgefunden.

Im Sog von Sonne und Mond entwickeln die Wassermassen der Weltmeere gewaltige Kräfte und Energien. Der größte Teil der Energie wird an den Küsten und in flachen Meeresbereichen in Reibungswärme umgewandelt. Doch wohin verschwindet der Rest?

Mit einer Fülle von Satellitendaten über weltweite Wasserstände entwickelten die Forscher ein Gezeitenmodell der Weltmeere und spürten damit die verschollene Energie wieder auf. Sie entlädt sich vor allem in jenen Meeresregionen, in denen die vom Mond angezogenen Wassermassen auf unterseeische Gebirge oder mittelozeanische Rücken stoßen und von ihnen abgelenkt werden. Etwa 25 bis 30 Prozent der gesamten Gezeitenleistung verbleiben so in den Tiefen der Ozeane, errechneten die Forscher. Das entspricht einem Terawatt oder der elektrischen Leistung von 700 Kernkraftwerken vom Typ Biblis B. Und das sei genau die Hälfte der Energiemenge, die benötigt werde, um die großräumigen Meeresströmungen in Bewegung zu halten. Oder anders gesagt: Um für «thermohaline Zirkulation» zu sorgen, wie Wissenschaftler den auf unser Klima so einflussreichen Austausch von warmem und kaltem Wasser innerhalb der Meere nennen.

Warum haften Geckofüße so wunderbar auf jedem Untergrund und lassen sich dennoch blitzschnell wieder lösen?

Weder sondern sie einen Klebstoff ab, noch haben sie Saugnäpfe, die ein Vakuum erzeugen. Weder kleben sie an Decken, Glas und Mauerwerk dank einfacher Reibung noch mit Hilfe elektrostatischer Anziehung. Das Geheimnis der Geckos sind Haare – feinste Härchen, pro Fuß etwa 500 000. Der Physiologe Kellar Autumn vom Lewis Clark College in Portland und der Bioingenieur Robert Full von der University of California in Berkeley haben die Füße des Tokeh-Geckos (*Gecko gecko*) genauer unter die Lupe genommen. In jeder einzelnen Zehe wurzeln etwa 5000 Härchen (*Setae*) pro Quadratmillimeter. An der Spitze spaltet sich ein jedes Haar noch einmal in etwa 100 bis 1000 winzige – zirka 200 Nanometer große – Pölsterchen (*Spatulae*) auf.

Mit dieser enormen Kontaktfläche nähern sich die Tiere einem Untergrund: Sie setzen ihren Fuß möglichst senkrecht an die Oberfläche, geben etwas Druck, auf dass er sich breit anschmiege, und ziehen ihn dann um etwa fünf Mikrometer an der Wand entlang nach unten. Jetzt sitzt er fest. Ein Gecko kann sein gesamtes Körpergewicht mit einer einzigen Zehe halten. Ein einzelnes Haar seines Fußes könnte eine Ameise heben, ein Fuß theoretisch bis zu zehn Kilogramm, die vier Füße eines Geckos ein Kind.

«Welche Kräfte wirken hier?», fragten sich die Wissenschaftler. Zwischenmolekulare Anziehungskräfte, die auf den Namen «van der Waals» hören, lautete die Antwort. Die nach ihrem Entdecker, dem niederländischen Physiker Johannes van der Waals, benannten Kräfte treten zwischen Molekülen auf. Die können Dipole bilden, weil in ihnen die positive und negative elektrische Ladung asymmetrisch verteilt ist. Ab einem bestimmten Abstand zieht dann die positiv wirkende Seite des einen Moleküls den negativ geladenen Teil des anderen Moleküls an. Diese an sich geringen Kräfte steigern sich mit der Größe der Teilchenoberfläche. Die US-Forscher fanden heraus, dass der Gecko sich dieses Phänomen zunutze macht, wenn er die Wände hochklettert oder an der Decke hängt und auf Beute lauert. Zwischen den Molekülen an seinen Haarspitzen und den Molekülen des jeweiligen Untergrundes wirken scheinbar diese zwischenmolekularen Kräfte. Um die enorme Haftung aufzuheben und den Fuß mit minimalem Energieaufwand wieder anzuheben, wendet das Reptil schließlich einen Trick an: Es rollt die Zehen nacheinander von der Wand ab; dabei überschreitet der Winkel zwischen Härchen und Oberfläche einen kritischen Wert, die schwachen Van-der-Waals-Bindungen werden nacheinander aufgebrochen.

Die Forscher träumen nun bereits von einem neuen Superkleber, der wie Geckofüße ist: trocken, an allen Oberflächen haftend, unter Wasser und im Weltraum einsetzbar. Vielleicht springen für uns ein paar Spaziergänge an der Zimmerdecke dabei heraus.

In Zahlen ausgedrückt: Welche Kräfte die Erde gestalten

Die Erde selbst verändert sich ständig und unaufhörlich. Einer ihrer Bewohner versucht, den Kräften der Natur mit Baumaßnahmen nachzueifern: der Mensch.

113 Milliarden Tonnen Fels, Kies und Erde werden pro Jahr durch geologische Kräfte auf der Erde umgelagert, schätzt der amerikanische Geomorphologe Roger Hooke. Die Oberfläche der Erde wandelt sich unaufhaltsam und meist so langsam, dass der Mensch es kaum bemerkt: Regen und Wind nagen am steinernen Mantel des Planeten, tektonische Kräfte aus dem Erdinneren falten ganze Landschaften über Jahrmillionen zu Bergen und Schluchten.

Das unwiderstehliche Gestaltungsprinzip der Natur heißt: Steter Tropfen höhlt den Stein. Allein die Flüsse, Bäche und Kanäle spülen – so hat Hooke berechnet – jedes Jahr etwa **54 Milliarden** Tonnen Felsabrieb, Staub und Erde fort. Wasser bewegt auf unserem blauen Planeten damit mehr Material als die Kräfte, die jährlich insgesamt **44 Milliarden** Tonnen Gestein als neue Gebirge zur Erdoberfläche oder zum Meeresgrund empordrücken.

Immerhin auf **40 Milliarden** Tonnen summieren sich die feinen und feinsten Partikel, die Bäche und Flüsse aus dem Boden lösen, wenn sie durch die Landschaft mäandern. Die Körner und Kiesel treiben eine Weile im Bachbett und sinken an flachen Stellen ab, die so über Jahrmillionen zu fruchtbaren Tälern werden können. **14 Milliarden** Tonnen Sediment wälzen sich jedes Jahr aus Fließgewässern in Seen oder Ozeane. Hinzu kommen etwa **10 Milliarden** Tonnen Schlammfracht jährlich, die durch Rodungen und Landwirtschaft den Bach hinuntergehen. Auch Gletscher schneiden Riefen in den Körper der Erde. Das gemächliche Schaben der kilometerlangen Eispanzer hinterlässt tälertiefe Furchen auf dem Fels und produziert jährlich **4,3 Milliarden** Tonnen Gesteinsabrieb. Der Wind dagegen jagt nur eine Milliarde Tonnen Sandkörner von Ort zu Ort.

Doch auch der Mensch formt das Antlitz der Erde nach seinem Plan und längst schon in geologisch bedeutsamem Maße, ebenbürtig den mächtigen Kräften der Natur: Allein **3,8 Milliarden** Tonnen Abraum

schüttet er jährlich in den USA zu neuen Gebirgen auf, und für den Straßenbau karren Muldenkipper dort im selben Zeitraum rund **3 Milliarden** Tonnen Boden, Kies und Schotter von einem Ort zum anderen. **800 Millionen** Tonnen Aushub gingen zum Beispiel 1992 in den USA auf das Konto von Neubauten. Insgesamt buddeln Menschen jährlich weltweit das 50fache aus der Erde heraus. Eine Menge, mit der man 200 000 Massengutfrachter beladen könnte.

So nachhaltig ist die Erdumwälzung durch den Menschen, so viel hat dieser Überaktive gebaut, gepflanzt und gerodet, dass die Narben seiner Operationen von einem Flugzeug aus deutlich zu sehen sind: Bänder von Straßen, die den Planeten umschlingen, das Mosaik der Felder, die kahlen Flecken abrasierten Regenwalds und die Städte, die amöbenhaft ins Land wachsen. Wie Berlin: Auch in der deutschen Hauptstadt wird beständig ein Stückchen neu genäht am Mantel der Erde. Beim Bau des neuen Regierungsviertels mit seinen Straßen- und Bahntunneln wurden insgesamt **12 Millionen** Tonnen Erde und Steine bewegt.

Umgerechnet auf den Pro-Kopf-Anteil an der globalen Erdbeförderung von zurzeit durchschnittlich **7** Tonnen sind die Berliner Massen allerdings Peanuts.

KAPITEL 4

Ohren-Futter

14 Fragen aus der Welt der Töne: von singenden Walen und der Ruhe vor dem Sturm.

Haben Wale Hits?

Vor allem während der Paarungszeit geben männliche Buckelwale lautstarke und komplexe Tonfolgen von sich, vermutlich um Rivalen einzuschüchtern und Weibchen zu imponieren. Wesentlich für den Erfolg bei Walkühen ist nach bisherigen Erkenntnissen die Melodie. Die größten Chancen hat ein «Minnesänger», wenn er neue Tonfolgen komponiert. Zum Leidwesen des Urhebers wird der betörende «Ohrwurm» aber nach kurzer Zeit von konkurrierenden Artgenossen kopiert – wodurch die Chancen des Komponisten beträchtlich sinken. Ist der heimische Markt erst gesättigt, verlassen daher einzelne Männchen die vertraute Sippe, um mit ihrer Komposition den Walfrauen einer anderen Gruppe den Hof zu machen. Auf diese Weise gelangen die Melodien sogar von einem Ozean in den anderen.

Vor der Ostküste Australiens ist es gelungen, einen ersten «interozeanischen Hit» aufzuzeichnen – den «Sommerhit» des Jahres 1996 aus dem Indischen Ozean, der seinen Weg in den Pazifik gefunden hat. Vorangegangen war eine bemerkenswerte Entwicklung. Von 1995 bis 1996 sangen lediglich zwei Wale des 82 Sänger zählenden «Chores» an der Ostküste Australiens die neue Melodie von der Westküste, während die übrigen Wale eine überlieferte Melodie nur wenig abwandelten. 1997 begannen andere Tiere, den neuen Song zu übernehmen: Einzelne Wale sangen plötzlich abwechselnd beide Melodien oder fügten Teile des «Modehits» in die alte Liedstruktur ein. Anfang 1998 sangen schließlich alle Tiere der Gruppe den neuen Liebessong. Erstaunlicherweise ist bis heute noch nicht geklärt, wie die Wale ihre faszinierenden Tonfolgen produzieren. Oberflächlich betrachtet sind sie nicht für den Gesang ausgestattet, denn sie haben keine Stimmbänder. Auch das Blasloch oder das Maul kommen als Tonquelle nicht in Frage, da während des Singens keinerlei Luftbläschen beobachtet werden konnten. Vermutlich schieben die Sänger die Luft zwischen verschiedenen Erweiterungen und Verengungen der Luftröhre hin und her. Das große Maul könnte dabei als verstärkender Resonanzkörper dienen.

Warum kommt uns unsere Umwelt bei geschlossener Schneedecke leiser vor als sonst?

Glatte, feste Oberflächen wie Straßen oder Wege reflektieren den Schall. Liegt auf ihnen jedoch eine Schneedecke, die aus zahllosen kleinen Zwischenräumen besteht, wird ein Teil des Schalls von ihr verschluckt. Die Umweltgeräusche sind also nicht leiser, sie hallen bloß weniger. Einen ähnlichen Effekt erreichen Musiker, wenn sie ihre Übungsräume mit Eierkartons oder Schaumstoff auskleiden.

Warum knurrt der Magen, wenn wir Hunger haben?

Das unbeherrschbare Geräusch wird durch Peristaltik erzeugt, also die Bewegung von Magen- und Darmwänden. Normalerweise sorgt die Kontraktion nach Mahlzeiten dafür, dass der Speisebrei geschmeidig durch die verschiedenen Stationen im Verdauungstrakt gleitet. Ist der Magen aber leer und nur mit Luft gefüllt, lässt sich die Peristaltik als Knurren deutlich vernehmen – und durch Willenskraft allein auch nicht unterdrücken.

Wer oder was ist «Big Ben»?

Weder der weltberühmte Turm in London noch dessen Uhr. Gemeint ist die 13,5 Tonnen schwere Glocke, die ihren Namen von Sir Benjamin Hall (1802–1867) hat. In dessen Zuständigkeit fiel auch der Turmbau des Londoner Parlamentsgebäudes, in dem Big Ben am 31. Mai 1859 erstmals läutete.

Warum knacken die Gelenke, wenn man an seinen Knöcheln zieht?

Gelenke sind von einer Gelenkkapsel umgeben, die mit Gelenkflüssigkeit gefüllt ist. Die Gelenkflächen selbst liegen eng aneinander an und werden – zusätzlich zu den Bändern – von Kohäsionskräften zusammengehalten. Zieht man die Gelenkflächen gewaltsam auseinander, trennen sie sich ruckartig und Gelenkflüssigkeit strömt nach. Das verursacht das knackende Geräusch – vergleichbar einem Saugnapf, den man von einer glatten Fläche löst.

Warum brummen Hochspannungsleitungen?

Bei Regen, Raureif oder Schnee ertönt unter Hochspannungsleitungen ein Brummen, das lauter ist als ein Maikäferschwarm. Das Geräusch von etwa 100 Hertz wirkt in ruhigeren Gegenden bisweilen so störend, dass genervte Anwohner bereits Klagen gegen Energieversorgungsunternehmen eingereicht haben. Hochspannungstechniker suchten deshalb nach Abhilfe.

Zunächst hatte man so genannte Ionenwolken in Verdacht, die infolge elektrischer Entladungen um die Leitungen entstehen. Doch dabei entstehen Geräusche von üblicherweise 50 Hertz. Im Labor simulierte man einen Regenguss – und wurde Zeuge eines wahren «Wasserballetts»: Innerhalb einer Schwingungsperiode des elektrischen Feldes werden die Tropfen zweimal in die Länge gezogen und bilden sich wieder zu ihrer Kugelgestalt zurück. Dabei ertönt deutlich das 100-Hertz-Signal.

Dieser Effekt hängt von der elektrischen Feldstärke ab und damit von der Kraft, die am Tropfen zieht. Sie ist umso größer, je weiter der Tropfen vorgewölbt ist. Bei vielen großen Tropfen wird das Geräusch deutlich lauter.

Nun suchen die Forscher nach einer speziellen Beschichtung: Sie soll wetterbeständig sein und sich auf genutzte Leitungen aufbringen lassen. Daneben tüfteln sie an neuen Oberflächenstrukturen, auf denen die Wassertropfen zusammenfließen und zur Erde fallen – damit die Menschen in der Nähe von Hochspannungsleitungen wieder in Ruhe schlafen können.

Woher kommt die sprichwörtliche «Ruhe vor dem Sturm»?

Eine mögliche Erklärung ist, dass der mit dem Sturm abfallende Luftdruck, ähnlich wie in einem Flugzeug, die Hörfähigkeit herabsetzt. Auch im Inneren eines Wirbelsturms ist es still, weil der Schall von dem mit hoher Drehgeschwindigkeit umlaufenden Wind abgelenkt wird.

Sprechen Bauchredner mit dem Bauch?

Nein, sie benutzen, wie jeder andere auch, ihre Stimmbänder. Bauchredner versuchen allerdings, die Lippen möglichst nicht zu bewegen, und vermeiden deswegen Labiallaute wie «p» oder «m». Ähnlich wie Sänger nutzen sie den Bauch als Resonanzkörper, um ihre Stimme kräftiger klingen zu lassen.

Wer erfand das Jodeln?

Eindeutig geklärt ist das nicht. Den Wechsel zwischen Brust- und Kopfstimme übten schon die alten Chinesen. Seit Menschengedenken bekannt ist das Jodeln aber auch in Indonesien, Thailand, Rumänien und im Kaukasus. Im Alpenraum hingegen ist es eine relativ neumodische Erscheinung.

Wie laut war der Urknall?

So schön die Vorstellung sein mag, dass die Geschichte des Universums mit einem «Big Bang» begonnen hat – die Vision stimmt nicht ganz. Denn Geräusche können sich nur in Materie wie Luft, Wasser oder festen Körpern ausbreiten. Weil Materie aber erst lange nach dem Urknall entstanden ist, konnte am Anfang kein Getöse laut werden. Allenfalls eine explosive Ausdehnung ist denkbar, aber eben geräuschlos. Im Weltraum ist es bis heute still – dank des fast vollkommenen Vakuums.

Welche Geräusche macht die Erde?

Sie summt – und zwar ziemlich tief und nicht sehr melodisch. Etwa 50 Töne erzeugen die Schwingungen der Erde. Sie verklingen einzeln, setzen wieder ein und sorgen im Konzert für ein kakophonisches Geräusch. Dieses sehr tiefe Brummeln mit Frequenzen von zwei bis sieben Milli-

hertz liegt etwa 16 Oktaven unterhalb des Kammertons, den die Stimmgabel angibt.
Japanischen Geophysikern gelang es 1998, die «irdischen Störgeräusche» zu isolieren. Sie untersuchten Datensätze von seismologischen Messstationen in erdbebenarmen Gebieten und filterten neben tektonischen Wellen alle anderen Schwingungen mit bekannter Ursache heraus. Seither bemühen sich nun Forscher zu Lande, zu Wasser und in der Luft um Antwort auf die Frage: «Was lässt die Erde brummen?»
Am stärksten in Verdacht, das beharrliche Geräusch auszulösen, steht die Atmosphäre. Nach einem Computermodell von Toshiro Tanimoto von der University of California, Santa Barbara, lässt der wechselnde Luftdruck die Erde stöhnen. Steigt er, wird die Erde sanft gepresst, fällt er, dehnt sie sich ein wenig aus. So wird sie von allen Seiten bearbeitet wie ein von zahllosen Gummihämmern traktierter Gong.
Da der durchschnittliche Luftdruck im Winter am höchsten ist, müsste der Erdenlärm in dieser Zeit steigen, dachte sich Tanimoto. Und bei der Analyse umfangreicher seismischer Aufzeichnungen stellte sich tatsächlich heraus: Unser Globus brummt von Dezember bis Februar und von Juni bis August – wenn auf der Südhalbkugel Winter ist – etwa zehn Prozent lauter als sonst.

Wieso bekommen Männer einen Stimmbruch, Frauen aber nicht?

Ohne die elastischen Fasern im Kehlkopf käme kein Pieps aus unseren Mündern. Je länger die Stimmbänder, desto tiefer spricht, singt, lacht man. Vor der Pubertät sind die Stimmbänder bei Jungen genauso lang wie bei Mädchen. Doch dann wachsen sie innerhalb weniger Monate um rund einen Zentimeter – auf das Doppelte ihrer ursprünglichen Länge. Und bescheren den Jungs Stimmen, die gut eine Oktave tiefer klingen.
Das ist ungewohnt für den Körper und macht Schwierigkeiten beim Sprechen: Die Laute klingen rau und kommen bisweilen nur als Gicksen aus dem Hals. Spätestens dann ist es aus mit dem Knabenchor!
Übrigens wachsen die Stimmbänder auch bei pubertierenden Mädchen. Allerdings in geringerem Umfang und mit entsprechend geringeren akustischen Folgen.

Warum rauscht das Meer in der Muschel?

Die Muschel – zoologisch präzise: die Schnecke – ist ein Resonanzkörper. Die Geräusche der Umgebung – etwa ein leichter Windzug, der an ihr vorbeiströmt – versetzen die in ihrem Hohlraum enthaltene Luft in Schwingungen. So verstärkt die Schnecke den von außen kommenden Schall und strahlt ihn ab. Dabei hat jede Schnecke eine Eigenfrequenz, also eine Tonhöhe, bei der die Luft in ihr am stärksten schwingt; wie bei einem Musikinstrument.

Dass man das eigene Blut rauschen hört, wenn man sich eine Meeresschnecke ans Ohr hält, ist also falsch. Und das Meer hört man auch nicht, denn das Klangerlebnis wird einem nicht nur am Strand, sondern auch im Garten daheim beschert.

Kann Lärm töten?

Bei Pottwalen scheint das der Fall zu sein. Denn spanische Meeresbiologen fanden heraus, dass die bis zu 20 Meter langen und bis zu 60 Tonnen schweren Tiere mit Schiffen zusammenstießen, weil sie nahezu taub waren.

Schon länger gehen Wissenschaftler davon aus, dass Wale vom zunehmenden Unterwasserlärm durch Schiffe und Bohrinseln irritiert werden. Die weit tragenden Schallwellen menschlicher Aktivitäten könnten das Sonarsystem der Wale und ihre akustische Kommunikation behindern. Umweltschutzorganisationen wie Greenpeace sehen darin auch einen Grund für die zunehmende Zahl von Walstrandungen.

Die Untersuchungen der spanischen Meeresbiologen weisen allerdings darauf hin, dass nicht die Kommunikations- und Orientierungssysteme der Wale durch fremde Geräusche gestört werden, sondern ihre Fähigkeit zu hören nachlässt. An den Innenohren zweier Pottwale, die bei Unfällen mit Schiffen ums Leben gekommen waren, stellten die Wissenschaftler fest: Die Zellen von deren *Cochlea* (Schnecke) – dem Teil des Gehörorgans, das die akustischen Schwingungen in Nervenreize umwandelt – waren schwer geschädigt. Die Tiere konnten folglich im niedrigen Frequenzbereich, der auch von Schiffen abgestrahlt wird, so gut wie nichts mehr hören. Sie kollidierten vermutlich deshalb «blind» mit den Schiffen, die ihren Weg kreuzten.

In Zahlen ausgedrückt: Wie das Herz den Ton angibt

Das Zentralorgan gibt Mensch und Tier einen höchst unterschiedlichen Rhythmus vor

4-mal pro Minute schlägt das Herz des See-Elefanten, wenn er taucht. Um mit einem Atemzug möglichst lange unter Wasser zu bleiben, senkt er seinen Energieverbrauch – und damit seinen Puls – drastisch ab. So kann er bis zu 1500 Meter tief tauchen. An der Oberfläche hingegen klopft sein Herz rund 15-mal schneller.

Die Frequenz, mit der ein Herz arbeitet, wird von mehreren Faktoren bestimmt: Ältere Organe schlagen langsamer als jüngere, trainierte langsamer als untrainierte. Ein größeres Säugetier hat einen niedrigeren Puls als ein kleineres; und dann ist der Pulsschlag auch vom Energieverbrauch eines Lebewesens abhängig.

So etwa während des Winterschlafs: Nicht öfter als **10**-mal pro Minute schlägt dann das Herz eines Murmeltiers. Ein Igelherz arbeitet während dieser Phase immerhin **18**-mal pro Minute, und die Körpertemperatur des Stacheltiers fällt auf zehn Grad Celsius. Nicht viel höher als der Puls des winterschlafenden Igels ist der des größten Landsäugetiers, des Elefanten, im Wachzustand: **25**-mal in der Minute pumpt das Elefantenherz sauerstoffarmes Blut zur Auffrischung in die Arterien.

Für den Menschen ist das Herz das einzige innere Organ, dessen Arbeit er unmittelbar fühlen kann. Es ist ein Gradmesser seelischer Befindlichkeit. Entspannung und Schlaf lässt es gemächlich schlagen, Angst beschleunigt den Puls. Das Männerherz, so groß wie eine kräftige Faust, wiegt rund 310 Gramm – das weibliche ist etwas kleiner und um rund 50 Gramm leichter.

Durch längeres Training wachsen Herzen und werden stärker. Ein Sportlerherz wiegt bis zu einem Pfund. Eine relativ niedrige Schlagfrequenz genügt dann, um die nötige Menge Blut im Körper zirkulieren zu lassen: **35**-mal in der Minute schlägt das Organ eines Marathonläufers daheim auf dem Sofa.

Das Herz eines gesunden, aber untrainierten Menschen, der gerade die Zeitung liest, kontrahiert hingegen in jeder Minute ungefähr **70**-mal. Noch schneller klopfen Kinderherzen. Ein Neugeborenes etwa kommt auf einen Puls von rund **140**.

Bei extremer Belastung passieren pro Minute statt der normalen fünf bis zu 35 Liter Blut das Herz. Bei angestrengt arbeitenden jungen Erwachsenen pocht es dann bis zu **200**-mal in der Minute. Schlägt es noch rascher, ist der Doktor angesagt: Rund **300**-mal pro Minute ziehen sich die Herzkammern beim Kammerflattern zusammen – aber so schwach, dass kaum noch Blut in den Kreislauf befördert wird. Wenn das Kammerflattern gar zum Flimmern wird, ist das Herz überhaupt nicht mehr in der Lage, Blut zu pumpen: Lebensgefahr droht.

Einige tierische Herzen schlagen jedoch deutlich schneller, ohne Schaden zu nehmen. Auf einen Puls von **320** kommt ein herumstromernder Igel. Extrem schnell arbeitet das Herz bei kleinen Säugetieren und Vögeln: **700**-mal klopft der Puls des Mauerseglers, eine Zwergfledermaus bringt es auf **970** und die Spitzmaus schließlich gar auf rekordverdächtige **1320** Herzkontraktionen in der Minute.

KAPITEL 5

Namensgeber

13 Fragen nach Bezeichnungen und ihren Ursprüngen: von Missverständnissen, Würgfeigen und Wortschätzen.

Wer nannte den Springbeutler eigentlich «Känguru»?

Ein Missverständnis gab dem Tier seinen Namen. Denn bei einer der ersten Begegnungen mit dem australischen Beuteltier soll ein europäischer Forscher einen Aborigine – einen Ureinwohner – gefragt haben, was das für ein komisches Tier sei. Der Ureinwohner antwortete in seiner Sprache: «kanguru» – übersetzt heißt das: «Ich versteh dich nicht.»

Woher haben die «Quarks» genannten Elementarteilchen ihren Namen?

«Three quarks for Master Mark», heißt es im Roman «Finnegans Wake» von James Joyce. Niemand wusste je, was das für Quarks waren, die Master Mark erhalten sollte. Genauso wie die Wissenschaftler am Anfang ihrer Forschung noch keinen Schimmer hatten, ob die neuen Elementarteilchen wirklich existierten oder nur ein nützliches mathematisches Konstrukt waren. Die Wortschöpfung von Joyce jedenfalls setzte sich als Fachbegriff durch. Und heute ist man von der Existenz der Quarks überzeugt.

Was verbirgt sich hinter der Aufforderung, keine «Fisimatenten» zu machen?

Möglicherweise ein Übersetzungsproblem. Denn zur Zeit der französischen Besatzung Deutschlands traten die napoleonischen Soldaten an die deutschen Mädchen mit der Aufforderung heran: «Visitez ma tente» – Besuchen Sie mein Zelt! Da dies natürlich mit eindeutigen Absichten geschah, rieten die Eltern den jungen Damen unter Umgehung jedweder Aufklärung, dass sie besser keine «Fisimatenten» machen sollten.
Eine andere Erklärung sieht den Ursprung des Wortes in dem Ausdruck «visae patentes literae» aus dem 15. Jahrhundert, mit dem zunächst ein «ordnungsgemäß geprüftes Patent» bezeichnet wurde. Da die Erteilung aber häufig lange Zeit in Anspruch nahm, deutete der Volksmund dies dann um in «überflüssige bürokratische Schwierigkeiten» – woraus später «Visepatenten» wurde, was so viel wie «dummes Zeug» bedeutete.

Warum heißt er «Eisvogel»?

Selbst die Ornithologen, also die Vogelforscher, wissen darauf kaum eine Antwort. Die meisten vermuten, dass er diesen Namen habe, weil sein blaues Gefieder an Eis erinnert.
Eine andere Erklärung ist raffinierter. Der Eisvogel ist ein Teilzieher, der im Winter in Regionen auftaucht, in denen er zwar nicht brütet, aber Nahrung findet. Wenn dort langsam die Gewässer zufrieren, zieht der Vogel Stück für Stück weiter, immer dorthin, wo das Wasser gerade noch frei ist und er fischen kann. Der Eisvogel wäre demnach der Vogel, «der vor dem Eis kommt». Eine andere Variante dieser Erklärung besagt, dass die eigentlich im Verborgenen lebende Spezies nur im Winter in der unbelaubten Ufervegetation zu sehen ist und deshalb «Eisvogel» genannt wurde.
Überzeugender jedoch ist eine Erklärung aus den 30er Jahren. Demnach wurde der blau glänzende Vogel in der germanischen Frühgeschichte nach dem blau glänzenden Eisen benannt: «isarnovogal». «Isarno» bedeutete auf Althochdeutsch «der Eiserne». Im Laufe der Jahrhunderte verblasste dann die Farbvorstellung vom Eisen, und unter dem Einfluss des römischen Naturforschers Plinius d. Ä. wurde «isarno» umgedeutet zu «is-aro», dem «Eis-Aar».

In vielen deutschsprachigen Regionen heißt der Vogel allerdings gar nicht «Eisvogel»: Im Wehntal bei Zürich wird er zum Beispiel «Blauamseli» genannt, im elsässischen Sulzmatt die «Wasserämstel», anderswo «Wassermerl» oder «Wasserhähnlein», «See-» oder «Blauspecht». In Luxemburg taucht er manchmal unter dem Begriff «Mattevull» auf, der Mottenvogel, weil sein Gefieder laut Volksglauben die Motten vertreiben soll.

Wieso wünscht man sich «Hals- und Beinbruch»?

Unser «Hals- und Beinbruch» kommt ursprünglich aus dem Hebräischen. Das ist die Sprache, in der das Alte Testament geschrieben wurde und die heute in Israel gesprochen wird. Dort gibt es eine Redewendung, die heißt «hazlache un broche» – zu Deutsch: «Glück und Segen».

Denselben frommen Wunsch sagt man sich aber auch auf Jiddisch. Jiddisch wiederum ist das, was Juden fast überall auf der Welt sprechen. Es entstand im Mittelalter in Europa aus verschiedenen anderen Sprachen, neben Hebräisch unter anderem auch aus Deutsch. So wie das Jiddische sich anfangs bei der deutschen Sprache bedient hat, sind später umgekehrt Wörter und Redensarten aus dem Jiddischen ins Deutsche übergegangen.

Unser «Hals- und Beinbruch» hat also nichts mit kaputten Knochen zu tun, sondern ist eine «Weiterentwicklung» des jüdischen Glückwunsches. Andere Begriffe, die aus dem Jiddischen stammen, sind zum Beispiel «mies» oder die «Pleite». Auch den «Großkotz» haben wir nur entlehnt; und das ist nicht etwa ein Mensch, dem besonders übel ist, sondern eigentlich ein großer Fürst oder Richter – nichts anderes bedeutet nämlich auf Jiddisch «kosn».

Wer hat Amerika tatsächlich entdeckt?

Es scheint, als würden noch immer Schulbücher verwendet, in denen Christoph Kolumbus das Verdienst zuerkannt wird, der Entdecker Amerikas zu sein. Wahr ist: Am 12. Oktober 1492 erreichte seine kleine Flotte die südlichen Bahamas. Doch Kolumbus wähnte sich an der Ostküste Asiens; Kuba hielt er für Japan. Erst Amerigo Vespucci erkannte um 1499, dass es sich um einen neuen Kontinent handelte, als er an der

Nordküste Südamerikas entlangsegelte. Amerigo zu Ehren wurde das Land Amerika getauft.
Die Ureinwohner jedoch, die Indianer, werden heute noch sauer, wenn Kolumbus oder Vespucci als Pioniere geadelt werden. Archäologische Funde belegen, dass ihre Vorfahren in mehreren Wellen aus Sibirien über die Beringstraße nach Alaska und von dort nach Süden gezogen sind. Und zwar vor mindestens 17 000 Jahren, vielleicht aber auch noch viel früher. Immer dann, wenn Eiszeit herrschte und die Meerenge trockenen Fußes überquert werden konnte.
Auch der Wikinger Leif Erikson erreichte Amerika lange vor Kolumbus: Um 990 landete er von Grönland kommend im heutigen Neufundland, das er Vinland nannte.

Warum heißen Hard- oder Softwarefehler «Bug» – zu Deutsch: «Käfer, Wanze, Insekt»?

Eines Tages, im September des Jahres 1945, brach der berühmte «Mark II.», ein raumfüllender Urahn des modernen Computers, zusammen. Als die Wissenschaftler der Harvard-Universität die Relais untersuchten, fanden sie den Übeltäter: Eine Motte hatte sich zwischen die Kontakte verirrt. Sie entfernten das Insekt mit einer Pinzette und klebten es fein säuberlich in ein Arbeitsbuch, in dem sich «der erste wahre Bug» des Computerzeitalters noch heute befindet.
Die Urheberschaft des mittlerweile weltweit gängigen Wortes für «Fehler im System» gebührt allerdings nicht den Harvard-Wissenschaftlern. Schließlich notiert bereits das Oxford English Dictionary in der Ausgabe von 1889: «Bug – ein Fehler oder eine Fehlfunktion in einer Maschine, Konstruktionszeichnung etc.» Und schon elf Jahre vorher hatte sich der amerikanische Erfinder Thomas Alva Edison in einem Brief über «bugs» beschwert: über kleine technische Schwierigkeiten.

Welche Bedeutung verbirgt sich hinter dem Namen der Wüste Takla Makan?

Der Name der zentralasiatischen Wüste ist uigurisch. «Takla Makan» lässt sich übersetzen mit: «Gehst du hinein, kommst du nicht mehr heraus.» Sogar die Handelskarawanen der Seidenstraße umgingen das lebensfeindliche Sandmeer auf einer nördlichen und einer südlichen

Route. Als erster Europäer erkundete der schwedische Forscher Sven Hedin im Jahre 1895 die Takla Makan.

Wen würgt die Würgfeige?

Im Regenwald tobt ein Kampf um die Sonnenplätze. Auf dem Boden ist für Pflanzen die Photosynthese nämlich kaum mehr möglich, weil nur ein Prozent des Lichts ganz unten ankommt. Junge Würgfeigen siedeln sich deshalb im Geäst von Wirtsbäumen an. Sie lassen Luftwurzeln nach unten wachsen, und sobald diese die Erde berühren, pumpt sich die Pflanze Wasser und Nährstoffe aus dem Boden. Die Wurzeln werden immer dicker, umschließen den Stamm des Wirtsbaumes und schnüren ihm die Leitgefäße ab: Er stirbt.

Die Würgfeige ist nun selbst zum Baum geworden, mit röhrenförmigem, hohlem Stamm. Und sie hat sich einen Platz an der Sonne erobert: Die größte bekannte Krone einer Würgfeige bedeckte eine Fläche von zwei Hektar!

Welchen Ursprung hat der Ausdruck «nullachtfünfzehn» (08/15)?

Das heutige Synonym für Durchschnittlichkeit und leere Routine stammt aus dem Ersten Weltkrieg. Das Maxim-Maschinengewehr, Typ 08/15, gehörte damals zur Standardausrüstung der deutschen Truppen. Die 383 Einzelteile dieser Waffe boten fiesen Ausbildern reichhaltige Möglichkeiten, deren Handhabung und Wartung immer und immer wieder zu drillen – was zum abschätzigen Gebrauch der Zahlenformel im Alltag führte.

Wie heißt die kleinste in Deutschland heimische Blütenpflanze?

Mit einer Winzigkeit von 1 bis 1,5 Millimetern ist die Zwergwasserlinse hierzulande der botanische Rekordhalter. Auch die weltweit kleinste Blütenpflanze zählt zu dieser Gattung: *Wolffia angustata*, die mit 0,6 Millimeter Länge und 0,3 Millimeter Breite durch ein Nadelöhr passen würde.

Die Minipflanzen schwimmen zu Myriaden auf ruhigen Wasseroberflächen und vermehren sich meist durch Teilung. Die extrem reduzierten

Blüten bilden sich allerdings nur selten aus; die anderen Grundorgane höherer Pflanzen wie Wurzel, Sprossachse und Blatt lassen sich bei diesem Winzling mit bloßem Auge gar nicht mehr erkennen.

Wie kam «Feuerland» zu seinem Namen?

Europäische Seefahrer beobachteten an den Küsten der argentinisch-chilenischen Inselgruppe im Süden Lateinamerikas die Lagerfeuer der dort lebenden Indianer und nannten die Inseln deshalb «Feuerland». In der unwirtlichen Region war die Kommunikation über lange Strecken mit Hilfe von Lichtzeichen so wichtig, dass einige Ureinwohner das Feuer sogar mit auf ihre Boote nahmen.

Wer kam auf die Idee, einen alkoholgetränkten Kaffee «Pharisäer» zu taufen?

Um vor den Predigten eines sittenstrengen Pastors sicher zu sein, kreierten ein paar einfallsreiche und trinkfreudige Friesen anlässlich einer Taufe ein Getränk aus einem Schnapsglas Rum, zwei Stückchen Zucker, Kaffee zum Auffüllen und Sahne als Garnierung. Die Sahnehaube sah nicht nur dekorativ aus, sie verbarg zudem den Duft des Rums vor neugierigen kirchlichen Nasen.
Das Kaffeekränzchen ging so lange gut, bis im allgemeinen Rausch ein Missgeschick passierte. Die nur mit schlichtem Kaffee gefüllte Tasse des Pastors wurde bedauerlicherweise mit einer alkoholisch präparierten Version verwechselt. Der getäuschte Gottesmann konnte darauf nur noch ein resigniertes «Oh, ihr Pharisäer» stöhnen. So zumindest erzählt man sich die Geschichte, mit leichten Varianten, auf den Friesischen Inseln.
Geschichtlich handelte es sich bei den Pharisäern (hebräisch für «Abgesonderte») um eine religiöse Gruppierung innerhalb des Judentums, die sich im 2. Jahrhundert v. Chr. etablierte. Die Pharisäer waren pragmatische Gottesleute, die die jüdischen Gesetze liberal interpretierten. Deshalb schmähten sie Religionseiferer später als selbstgerecht – was im schmunzelnden Tadel des Pastors an seine zechenden Tischnachbarn zum Ausdruck kommt.

In Zahlen ausgedrückt: Wie der Mensch seinen Wortschatz vermehrt

Es mutet nach wie vor wundersam an, wenn ein Kind beginnt, die Dinge beim Namen zu nennen. Und es ist noch erstaunlicher, dass zum Beispiel die Engländer mehr Wörter kennen als ihre europäischen Nachbarn.

1 einziges Wort löst bei Eltern mehr Entzücken aus als jeder wohl formulierte und gut benotete Schulaufsatz später: das erste nämlich, das ein Kind mit etwa zwölf Monaten spricht, ob «Mama», «Papa» oder «Auto». Nach diesem Beginn der Sprechphase prägen sich Kinder bis zum Alter von sechs Jahren im Durchschnitt täglich **3,5** neue Wörter ein. Lange glaubte man, Menschen lernten durch bloße Imitation. Beobachtungen an Kindern legen jedoch nahe, dass im Gehirn ein bereits angelegtes Sprachprogramm aktiviert wird.

Mit anderthalb Jahren formuliert ein Kind etwa **50** wortartige Ausdrücke. Generalisierend heißen bei ihm jedoch alle vierbeinigen Tiere «Hund», und «Papa» nennt der Sprössling zur Entrüstung seines Erzeugers oft auch andere Zweibeiner mit tiefer Stimme.

Doch schon mit zweieinhalb spricht ein Kind über **400** Wörter, und noch vor seinem dritten Geburtstag kennt es gewöhnlich mehr Ausdrücke, als im so genannten China-Pidgin, einem Misch-Idiom aus Chinesisch und Englisch, je vorhanden waren: rund **700**.

Mindestens **2000** Wörter einer Sprache muss ein Leser allerdings schon kennen, um einen Alltagstext zu etwa 90 Prozent zu verstehen.

Bis zu **3000** neue Wörter haben die Ostdeutschen nach der Wiedervereinigung lernen müssen, um ihren Wortschatz dem der Wessis anzupassen, schätzt der Sprachforscher Manfred Hellmann. Dagegen fanden nur rund ein Dutzend Ausdrücke den Weg von Ost nach West, etwa «Fakt ist» oder «Datsche».

Wörter benennen die Welt – und begrenzen sie. Denn mehr Gedanken, als mit Hilfe eines Sprachschatzes zu formulieren sind, lassen sich nun mal nicht denken. Die Dichter haben schon immer versucht, aus jenem Sprachgefängnis auszubrechen: Hölderlins literarischer Wortschatz umfasste **7500** Ausdrücke, darunter Neuschöpfungen wie «heilignüchternes» Wasser. Erwachsene in unserer unheilig-nüchternen Zeit haben beim Formulieren immerhin die Qual der Wahl zwischen **8000** und **16 000** Wörtern. Theodor Storms aktiver Wortschatz soll dagegen etwa **22 500** Ausdrücke betragen haben – insbesondere plattdeutsche Abwandlungen verhalfen ihm zu diesem Wortreichtum, so die «bladderschwarze» Leiche im «Schimmelreiter». Goethe allerdings verfügte über viermal mehr Dichtermaterial.

Kinder verstehen im Alter von sechs Jahren bereits über **23 000** Wörter. Mit seinem aktiven Vokabular übt der Nachwuchs fortan Druck aus auf den traditionellen Wortschatz. «Hippe» Cliquen verbiegen die alten Bedeutungen: So heißt «nervig» heute «nervtötend», noch vor zehn Jahren bedeutete es «sehnig» oder «kräftig». Und das Wort «feist» wandelte sich klammheimlich von «fett» zu «dreist».

Erwachsene verstehen aus dem deutschen Wortfluss im Durchschnitt ungefähr **94 000** Wörter. Der passive Wortschatz ist also mehr als fünfmal so groß wie der aktive. Aber auch der deckt lediglich die Hälfte unseres Sprachbestandes ab, dem über **200 000** Ausdrücke zugerechnet werden.

Das englische Vokabular übertrifft mit etwa **600 000** Wörtern das der meisten anderen Sprachen, weil von Frankreich her zahlreiche romanische Begriffe den ursprünglich germanischen Fundus bereichert haben. Daher lässt sich – wo das Deutsche beschränkt – auf Englisch oft lässig variieren: So stehen dort für unser «kurz» mindestens drei Wörter zur Auswahl – «short», «brief» und «curt».

KAPITEL 6

Wahrscheinlich unwahrscheinlich

14 Fragen zu höchst theoretischen Annahmen: von Elfen-Beauftragten, Warteschlangen und Maschinenträumen.

Wo gibt es die einzige offizielle Elfen-Beauftragte der Welt?

In Islands Hauptstadt Reykjavík. Dort wird sogar ein Stadtplan herausgegeben, in dem die mutmaßlichen Quartiere von Trollen und Kobolden verzeichnet sind. Das ist kein Touristengag! Auf der nordischen Vulkaninsel hat der Glaube an das «huldufolk» und dessen Genossen eine lange Tradition. Noch heute werden bei Erschließungsarbeiten zur Not Straßenverläufe geändert, um etwa einen großen Felsen zu umgehen – wenn eine hohe Wahrscheinlichkeit besteht, dass Naturgeister darin ihr Zuhause haben.

Die Erde dreht sich in 24 Stunden einmal um ihre Achse. Doch sie wird immer langsamer und bleibt eines Tages stehen. Wann?

Erdgeschichtsforscher haben an den Wachstumslinien in 400 Millionen Jahre alten Korallen nachgewiesen, dass ein Jahr im Devon nicht wie heute 365,24 Tage hatte, sondern 400 Tage. Die Erde drehte sich damals also schneller. Seither bremsen die Gezeitenkräfte von Mond und Sonne die Rotation. Diese Gegenläufigkeit der Bewegungen verursacht einen Reibungswiderstand. Binnen etwa 40 000 Jahren verlängert sich die Rotationsphase um eine Sekunde. Das Ende der Erddrehung ist also definiert: in dreieinhalb Milliarden Jahren. Es sei denn – und dafür gibt es in dem langen Zeitraum eine hohe Wahrscheinlichkeit –, ein großer Komet trifft die Erde tangential und gibt ihr neuen Schwung.

Wer düngt den Regenwald?

So unglaublich es klingt: Passatwinde treiben aufgewirbelten Saharastaub gen Westen. Gewaltige Gewitterstürme über den Wäldern des Amazonasgebietes saugen ihn geradezu an. Und der Regen wäscht ihn dort wieder aus der Atmosphäre. Die herbeigeführten Staubpartikel sind reich an organischen Substanzen, Mineralien und Spurenelementen. Über 500 Millionen Tonnen davon werden alljährlich von Afrika nach Südamerika verfrachtet.

Der Nährstoffkreislauf im tropischen Regenwald ist zwar eng geschlossen. Trotzdem kommt es zu Verlusten, die sich auf den riesigen Flächen zu beträchtlichen Mengen addieren. Diese Verluste gleicht der Saharastaub aus. Manche Wissenschaftler vermuten, dass die jeweilige Ausdehnung der südamerikanischen Regenwälder in den vergangenen Jahrmillionen direkt davon abhing, ob die Fläche der Sahara infolge von Klimaschwankungen gerade schrumpfte oder sich vergrößerte.

Hat die Menschheit den Klimawandel im Griff?

Seit Beginn der Industrialisierung, Mitte des 19. Jahrhunderts, hat sich die Kohlendioxid-Konzentration in der Erdatmosphäre um ein Viertel erhöht. Hauptverursacher ist der Mensch. Wälder werden brandgerodet, fossile Energieträger verbrannt – damit der Mensch Auto fahren, Essen kochen und Bier kühlen kann. Durch diese Aktivitäten emittiert er pro Jahr fast 30 000 000 000 Tonnen Kohlendioxid (CO_2) und bringt so den irdischen Kohlenstoff-Kreislauf aus seiner heiklen Balance. 7 330 000 000 Tonnen CO_2 schluckt im selben Zeitraum der Ozean, noch einmal so viel verschwindet auf unbekanntem Weg aus der Luft. Der Rest reichert sich in der Atmosphäre an und erwärmt sie.

Die Folgen sind häufig beschrieben: Das Wetter schlägt Kapriolen, Eiskappen schmelzen. So ist die Fläche des Bering-Gletschers in Alaska

seit dem Beginn des 20. Jahrhunderts um 130 000 000 Quadratmeter geschrumpft und der Meeresspiegel bereits mehr als zehn Zentimeter gestiegen. Um größere Katastrophen zu verhindern, muss die Menschheit – insbesondere in den hoch industrialisierten Ländern – ihren CO_2-Ausstoß reduzieren, vor allem durch Energiesparmaßnahmen.
Das Ziel der Bundesregierung ist es, dass die Deutschen 2005 mindestens 25 Prozent weniger Kohlendioxid gegenüber 1990 emittieren. 2001 hat sich der Ausstoß jedoch noch einmal um 1,5 Prozent erhöht. Die Klimakiller sind also weiterhin ungezügelt an ihrem zerstörerischen Werk.

Was ist der «Stein der Weisen», und haben wir ihn schon gefunden?

In früheren Zeiten galt der «Stein der Weisen» unter Alchimisten als eine zauberkräftige Substanz, mit deren Hilfe sich aus unedlen Metallen Gold herstellen ließ. Mit den damals vorhandenen chemischen Mitteln funktionierte das trotz zahlreicher Versuche nicht. Inzwischen jedoch hat die Menschheit diesen «Stein der Weisen» gefunden: Mit Hilfe von Teilchenbeschleunigern lässt sich ein Element in ein anderes umwandeln. Die hierbei erzielte Ausbeute ist allerdings viel zu gering, um das Verfahren ökonomisch zu nutzen.

Das berühmte Raumschiff Enterprise aus den Star-Trek-Filmen kann dank seines «Warp-Antriebes» auf mehrfache Lichtgeschwindigkeit beschleunigen. Wäre es uns – zumindest theoretisch – möglich, mit Überlichtgeschwindigkeit durch das All zu reisen?

Unter gewissen Annahmen ist das tatsächlich denkbar. Das Raum-Zeit-Kontinuum müsste sich dazu hinter dem Raumschiff rasend schnell ausdehnen. Die Startbasis wird so in kürzester Zeit um Lichtjahre vom Raumschiff wegbeschleunigt. Vor der Enterprise zieht sich der Raum zusammen, und ihre Zielbasis schießt auf sie zu. Das Raumschiff bewegt sich wie in einer Blase in der Raumzeit.
Dafür bräuchte es als Antrieb allerdings Teilchen mit negativer Energie, die der Schwerkraft entgegenwirken. Und die müssten von findigen

Physikern erst noch eingesammelt werden, und zwar so viele, dass ihre Masse zehn Milliarden Mal größer ist als die des Universums.
Und es gäbe Navigationsprobleme: Die Blase ließe sich von innen, also von der Crew, nicht steuern. Sie könnte nur auf vorgefertigten Bahnen wie auf Schienen fliegen. So schnell wie die Enterprise dürften die zeitgenössischen Raumgleiter deshalb wohl niemals werden.

Die meisten Menschen haben den Eindruck, dass sie beim Einkaufen im Supermarkt immer in der langsamsten Warteschlange vor den Kassen stehen und ungeduldig mit ansehen müssen, wie die anderen in den Nebenreihen an ihnen vorbeiziehen. Stimmt das eigentlich?

Es stimmt nicht, sondern ist – wie Psychologen in jahrelanger Forschungsarbeit herausgefunden haben – eine Fehleinschätzung, die geboren wird aus Neid und dem Gefühl, immer ungerecht behandelt zu werden. Die Psychologen haben übrigens auch festgestellt, dass wir unsere individuelle Wartezeit regelmäßig um gut 30 Prozent überschätzen.

Wie viele Festplatten mit einer Kapazität von zehn Gigabyte müssen an einen Rechner angeschlossen werden, um Speicherplatz von einem Exabyte zu erhalten?

107 374 183 Stück. Denn ein Exabyte entspricht exakt 107 374 182,4 mal zehn Gigabyte. Dabei braucht eine der 107 374 183 Festplatten nur 40 Prozent ihrer Kapazität.
Das imposante Rechenbeispiel hat mit der technischen Wirklichkeit allerdings nicht viel zu tun: Ein Computer mit solcher Leistungskraft existiert bis heute nicht. Man benutzt die Einheit «Exabyte», um Informationsmengen abzuschätzen. So beträgt die Gesamtmenge aller heute weltweit verfügbaren Informationen schätzungsweise zwölf Exabyte. Wer möchte es nachrechnen?

Tötet der «Fluch der Pharaonen» wirklich?

Es war ein Jubeltag für die Ägyptologie, als der englische Altertumsforscher Howard Carter am 26. November 1922 die mehr als 3200 Jahre alte Ruhestätte des Pharaos Tutanchamun im Tal der Könige öffnete. Doch wenige Monate später waren fünf der Archäologen und Besucher, die das Grab betreten hatten, tot.

«Der Fluch des Pharao» habe die Männer umgebracht, mutmaßten damals Zeitungsreporter. Eine glaubhafte Theorie über die Todesursache wurde erst sehr viel später publik. Demnach hieß der «Täter» *Aspergillus Flavus* – auf Deutsch: Gelber Gießkannenschimmelpilz.

Der Theorie nach hatten die Forscher in der Grabkammer Schimmelsporen eingeatmet. Im Freien tummeln sich bis zu 1000 Keime in einem Kubikmeter Luft. In schimmelbefallenen Räumen können es bis zu 50 000 sein. Menschen mit schwacher Gesundheit erkranken an Atemnot, Husten, Fieber – schlimmstenfalls sterben sie sogar.

Immer wieder ist zu hören, der Mensch nutze nur zehn Prozent seiner Gehirnkapazität. Stimmt das?

Nein, sagen Hirnforscher. Kann auch gar nicht stimmen, denn sonst könnten ja 90 Prozent des Gehirns entfernt werden, ohne dass wir etwas merken würden. Wir benötigen 100 Prozent unseres Gehirns, wenn auch nicht immer alle Kapazitäten zur gleichen Zeit. Schon die Zerstörung kleiner Hirnareale, etwa durch einen Schlaganfall, hat mitunter dramatische Ausfallerscheinungen zur Folge.

Gibt es ein Archiv für alle Internetseiten?

Fast 90 Prozent aller Internetseiten sind derzeit jünger als ein Jahr, nur 0,1 Prozent stehen seit mehr als sechs Jahren unverändert im Netz. Während von Büchern und Filmen Kopien existieren, sind Webseiten normalerweise Unikate: Werden sie auf dem Server gelöscht, sind sie dahin.

Gegen den Schwund dieser Zeugnisse eines neuen Zeitalters kämpft seit 1996 das Internetarchiv in San Francisco (www.archive.org). Die Größe ihrer Sammlung beziffern die Archivare in Terabyte; ein Terabyte entspricht grob einer Billion Buchstaben. Jeden Monat wächst der Bestand um fünf Terabyte! Damit verfügt das Internetarchiv längst über mehr Informationen als die weltgrößte Bibliothek, die des amerikanischen Kongresses, deren Textsammlung auf 20 Terabyte geschätzt wird. Ob allerdings tatsächlich alle Seiten, die jemals im Internet standen, hier archiviert worden sind, ist fraglich. Aber wer will das schon überprüfen?

Kann ein Kreis gerade sein?

Ein Kreis wirkt umso kreisförmiger, also stärker gekrümmt, je kleiner sein Durchmesser ist. Wächst der Durchmesser, so streckt sich der Kreisbogen und nähert sich der Form einer Geraden an. Auf der Erde, einer riesigen Kugel mit über dreizehntausend Kilometer Durchmesser, erscheinen uns deshalb zum Beispiel Straßen als schnurgerade, obwohl sie Kreisbögen sind.
Lässt man also – theoretisch – den Durchmesser eines Kreises gegen unendlich gehen, so wird aus einem Kreisbogen eine Gerade.

Wird ein Meteorit das Leben auf der Erde auslöschen?

Für die kommenden 25 Millionen Jahre ist das sogar wahrscheinlich. Bisher sind die meisten Einschläge von Meteoriten – aus dem Weltraum stammende Trümmerteile anderer Himmelskörper – für die Erdbewohner zwar glimpflich verlaufen. Doch jederzeit könnte ein Geschoss aus dem All das Leben auf der Erde auslöschen.
Vor etwa 65 Millionen Jahren schlug ein zehn bis 15 Kilometer großer Asteroid an der Spitze der mexikanischen Halbinsel Yucatán ein und sorgte dafür, dass 75 bis 80 Prozent aller Tier- und Pflanzenarten auf der Welt ausstarben; unter ihnen die Dinosaurier. Milliarden Tonnen Staub und Wasserdampf, verstärkt durch Ruß und Asche von Feuersbrünsten, verdunkelten den Himmel für Wochen und Monate und ließen die Temperaturen an der Erdoberfläche rapide sinken.
Forscher gehen heute davon aus, dass die Erde etwa alle 250 Jahre von einem kleinen Asteroiden oder Kometen getroffen wird. Alle 500 000 Jahre führe die Kollision mit einem etwa 1,5 Kilometer großen Koloss zu einem globalen ökologischen Desaster. Alle 100 Millionen Jahre ist statistisch mit dem Einschlag eines gewaltigen Brockens von mindestens

zehn Kilometern Durchmesser zu rechnen. Sollte eine solche Kollision in unserer Zeit passieren, wäre mit etwa fünf Milliarden Toten zu rechnen. Astronomen nehmen die Gefahr durchaus ernst und denken bereits intensiv über Abwehrmaßnahmen nach. Eine Strategie zu entwickeln, ist jedoch schwierig. Denn wir haben es mit einer Vielzahl unterschiedlicher Himmelskörper zu tun, deren stoffliche Zusammensetzung wir meist gar nicht kennen.

Bisher werden neben der Sonne, den Planeten und den Monden zwei weitere Gruppen von Himmelskörpern unterschieden: die Asteroiden und die Kometen. Asteroiden bestehen hauptsächlich aus Stein und Eisen und umlaufen wie die Planeten die Sonne. Kometen hingegen stammen aus den äußeren Bereichen unseres Planetensystems. Ihr Kern besteht aus einem tiefgefrorenen Gemisch aus festen Stoffen, Wasser und Gasen.

Gemeinsam ist allen Himmelskörpern nur, dass sie vor 4,6 Milliarden Jahren aus einer heißen, wirbelnden Gas- und Staubwolke entstanden – wie auch unser Sonnensystem. Die Materie ballte sich zu «Planetesimalen» zusammen, zu kleineren Himmelskörpern, aus denen durch weitere Zusammenschlüsse schließlich Planeten und Monde wurden. Doch nicht alle Planetesimale vereinigten sich zu Himmelskörpern, mancher Zusammenschluss ging wieder zu Bruch.

Für Januar 2004 hat die NASA den Start der Raumsonde «Deep Impact» geplant. Nach einem anderthalbjährigen Flug soll sie den Kometen «P/Tempel 1» erreichen und seine Zusammensetzung erkunden. Aus dieser Mission erhoffen sich die Wissenschaftler auch Erkenntnisse für den Umgang mit der Gefahr aus dem All.

Gibt es ein Perpetuum mobile?

Schon seit mehr als 800 Jahren mühen sich Erfinder, ein Gerät zu konstruieren, das sich – einmal in Gang gesetzt – immerfort von selbst bewegt; das niemals zum Stillstand kommt und unerschöpflich Energie liefert. Bisher allerdings ist es noch nicht gelungen, das Perpetuum mobile zu erfinden. Selbst klügste Köpfe grübelten vergebens über die Maschine, die mehr Energie erzeugt, als ihr zugeführt wird. Das Renaissance-Genie Leonardo da Vinci hinterließ Skizzen eines Drehkörper-Mobiles, John Wilkins, der Bischof von Chester, versuchte sich am

Wasserrad mit Pumpenhub, der Mathematiker Johann Bernoulli dachte über ein Zwei-Flüssigkeiten-Dauertropfgerät nach.
Beim Deutschen Patentamt gehen noch immer jährlich Dutzende Entwürfe von Maschinen ein, die auf ewig rollen, drehen oder heben sollen. Doch der Durchbruch blieb bislang ein Menschheitstraum.
Zu Recht, urteilt die orthodoxe Physik, denn die vollkommene Maschine sei lediglich ein Hirngespinst. 1845 formulierte der Heilbronner Arzt Julius Robert Mayer als Erster jenen «Satz von der Erhaltung der Energie», der den Traum zunichte macht. Denn: In einem geschlossenen System gehe keine Energie verloren; sie werde nur umgewandelt – und könne deshalb auch nicht aus nichts entstehen. Weil aber mit jeder Bewegung etwas Antriebskraft verändert werde – Reibung beispielsweise erzeuge ungenutzte Wärme –, müsse am Ende immer Stillstand herrschen. Von da an, spätestens, gab die Wissenschaft die Suche nach einem Perpetuum mobile auf.
Entmutigen lassen sich eifrige Tüftler davon jedoch nicht. Schließlich beruhe das Naturgesetz von der Erhaltung der Energie auch nur auf Erfahrung. Und dem, der diese Erfahrung zu widerlegen vermag, sind Ehre und Ruhm sicher: Ein Nobelpreis dürfte für den Erfinder des Perpetuum mobiles schon rausspringen; schließlich würde er das physikalische Weltbild erschüttern. Vorerst aber bleibt uns nur Albert Einsteins Erkenntnis, dass aus nichts auch nichts zu gewinnen ist.

In Zahlen ausgedrückt: Wohin der biblische Exodus in Wahrheit führte

Hat Moses nun den Auszug des Volkes Israel aus Ägypten befehligt? Oder ist die Überlieferung bloß eine Mär? Im Nildelta sind deutsche Archäologen seit Jahren dabei, das Rätsel zu lösen.

Für viele Christen sind die Fundamente von Piramesse im östlichen Nildelta identisch mit denen der biblischen Stadt «Ramses», von wo aus die von Moses angeführten Israeliten aufbrachen, um der Herrschaft des Pharao zu entkommen. Der Ort nahe der heutigen Ortschaft Qantir wäre somit der Ausgangspunkt des Exodus, für den es allerdings – außer seiner Erwähnung in der Heiligen Schrift – **0** Belege gibt. Und da

von der vor rund 3300 Jahren gegründeten bronzezeitlichen Metropole kaum noch etwas zu sehen ist, verirrt sich durchschnittlich nur **1** Touristengruppe pro Jahr hierher.
Daher können sich die **2** Restauratoren des bei Qantir grabenden deutschen Archäologenteams fast unbehelligt einer besonderen Aufgabe widmen: der Reinigung eines **6,5** Quadratmeter großen, goldglänzenden Fußbodens, der – in **11** Teilen geborgen – weltweit für Aufsehen gesorgt hat. Allein dem ZDF bescherte dieser Fund in der Reihe «Sommer der Entdeckungen» eine Einschaltquote von **16** Prozent zur besten Sendezeit. Aber wandelte Ramses II. wirklich einst in Piramesse auf Blattgold? Sollten die altägyptischen Texte mit ihren Erwähnungen von edelmetallenen Fußböden tatsächlich Recht behalten? Bisher schien es so. Doch **18** Arbeitsstunden der Restauratoren reichten aus, um Zweifel aufkommen zu lassen. Bald war klar, dass sich das Blattgold auf verschiedene Höhen im Bodenbelag verteilt, zwischen denen Farbkleckse, Kartonage- und Kalkstückchen liegen – nichts als festgetretene Abfälle einer Werkstatt, in der einst Kisten, Kästen und Statuen aus Holz mit Stuck versehen und vergoldet wurden.
Während die Archäologen seit **22** Jahren in Details wühlen, sind drei Geophysiker großflächig in und um Qantir unterwegs. Allein in der Grabungssaison 2000 haben sie auf einer Fläche von **25** Hektar Grundrisse mit ihren Cäsiummagnetometern ermittelt: Geräten, die so empfindlich sind, dass sie noch die Magnetfeldstärken von Lehmziegelmauern und gewöhnlichem Lehm unterscheiden können. Allerdings ist die Ausrüstung nicht gerade leicht. Satte **27** Kilogramm müssen am langen Arm zu Fuß über die im **40-x-40**-Meter-Raster abgesteckten Quadranten getragen werden.
In den vergangenen sechs Jahren haben die Geophysiker im Nildelta innerhalb von lediglich **52** Tagen eine Fläche vermessen, für deren Erschließung das Grabungsteam gut **100** Jahre benötigt hätte: alles in allem **130** Hektar mit Hausgrundrissen, Straßen, Gärten und Kanälen. Die Archäologen sind also erheblich langsamer, müssen dafür aber nicht so viel laufen. Die Geophysiker haben während der Erfassung dieser Hektare immerhin einen Weg von **1300** Kilometern zurückgelegt – und das war erst der Anfang, denn die Experten schätzen die Größe des Stadtkerns von Piramesse auf **1500** Hektar.

Allerdings erbringen die Messungen keine Angaben darüber, wie die Gebäude zu datieren sind, und Grundrisse allein geben keine Auskunft über deren Funktion. Also haben die Archäologen in den zwanzig Jahren ab 1980, nur mit Hacken und Maurerkellen, **10 848** Kubikmeter Erde bewegt und **18 871** Fundkomplexe geborgen, darunter auch den bisher größten: **28 862** Gefäßscherben aus einem Brunnen Ramses' II. Dieser Fund ist nur einer von **49 318** Datensätzen in der Hauptdatenbank der Grabung, deren Fotoarchiv **68 243** Bilder zählt, die unter anderem in Einzel- oder Sammelaufnahmen **89 653** Objekte dokumentieren.

Die Bearbeitung all der Funde wird mindestens ebenso lange dauern wie die Grabung. Allein für die Auswertung der etwa **5 000 000** gefundenen Keramikscherben werden zehn Spezialisten und Studenten erfahrungsgemäß **12 000 000** Arbeitsminuten benötigen.

Doch selbst mit dieser Fleißarbeit werden die Forscher wahrscheinlich keine Beweise für den biblischen Exodus entdecken – denn dieses Ereignis hat wohl, vermuten die meisten Archäologen heute, nie stattgefunden.

KAPITEL 7

Von der Tücke des Objekts

15 Fragen zu kleinen und großen Sorgen im Alltag: von Zwiebeln, Golfbällen und Stinktieren.

Warum weint man beim Zwiebelschneiden?

Wer kocht, weiß: Diese Knollen haben es in sich. Ein Schnitt – und schon entweichen den Zellen Stoffe, aus denen sich ein Gas bildet, das in die Augen steigt. Dort vermischt es sich mit Tränenflüssigkeit und ergibt, man glaubt es kaum: Schwefelsäure! Zum Glück in extrem niedriger Konzentration. Weil das Gehirn den Augenschmerz registriert und sogleich noch mehr Tränen ausschütten lässt, wird die Säure weiter verdünnt.

Jeder Hobbykoch wird seine eigenen Tricks haben, um die Qual aufsteigender Zwiebeldämpfe zu lindern. Manche halten die Zwiebel möglichst weit vom Gesicht entfernt. Andere verdünnen das Aroma, indem sie die Knolle unter fließendem Wasser schneiden. Etwas skurril, aber sehr wirksam: beim Schneiden eine Taucherbrille tragen.

Vielleicht wird man jedoch bald auf solche Schutzmaßnahmen ganz verzichten können. Denn Gen-Forscher aus Japan berichten, jene Substanz, die das Weinen auslöst, sei das Produkt eines einzigen speziellen Enzyms. Man wolle das entsprechende Gen ausschalten und tränenlose Zwiebeln züchten. Geschmack und Nährstoff würden erhalten bleiben, weil das neu entdeckte Enzym im Stoffwechsel keine Rolle spiele.

Warum reagieren Stiere auf die roten Tücher der Toreros?

Ob das Tuch rot ist oder nicht, beeindruckt die Tiere kaum – weil sie farbenblind sind. Was den Stier in der Arena wütend macht, ist vermutlich das ständige Hin-und-her-Gefuchtel mit dem Stoff vor seinen Augen. Signalwirkung hat das rote Tuch am ehesten noch für die Zuschauer: Sie assoziieren damit «Blut» und «Gefahr».

Warum lässt sich die Tür eines Gefrierschrankes schwerer öffnen, wenn sie erst kurz zuvor geschlossen wurde?

Bei jedem Öffnen der Kühlschranktür strömt aus dem unteren Geräteteil kalte Luft heraus und im oberen Teil warme Küchenluft hinein. Ist die Tür wieder zu, kühlt sich die Luft im Innern ab und verringert dabei ihr Volumen: Es entsteht ein leichter Unterdruck, der beim erneuten Öffnen mit einem Ruck erst überwunden werden muss.

Übrigens: Wer dieses Phänomen bei seinem eigenen Kühlgerät bisher nicht feststellen konnte, sollte die Dichtungen an der Schranktür prüfen. Möglich, dass sie porös sind, sodass ständig warme Luft ins Innere gelangt. Das verhindert zwar den Unterdruck, treibt den Kühlschrank aber zu einem viel höheren Energieaufwand als nötig.

Warum bleiben Spinnen nicht an ihren eigenen Netzen hängen?

Jede Spinnenart webt ihr charakteristisches Netz, und jede einzelne Spinne beherrscht dabei meist mehr als zwei Fadenarten. Halte- oder Wegefäden werden zwischen den Fixpunkten des Netzes gespannt. Anschließend zieht die Jägerin in das Gerüst ihre Falle ein: feine Kleb- oder Kräuselfäden, an denen die Opfer hängen bleiben oder in denen sie sich verfangen. Die Spinne selbst bewegt sich darauf nicht. Sie nutzt die stabileren und nicht klebenden Halte- und Wegefäden – oder seilt sich einfach ab.

Wie können mit einem drei und einem fünf Liter großen Behälter sowie einem unbegrenzten Wasservorrat genau vier Liter abgemessen werden?

Zunächst den vollen 3-Liter-Behälter in den 5-Liter-Behälter schütten. Danach den 3-Liter-Behälter erneut füllen und in den 5-Liter-Behälter gießen, bis dieser voll ist. Im 3-Liter-Behälter bleibt dann ein Liter übrig. Dann den 5-Liter-Behälter leeren und den einen Liter in den 5-Liter-Behälter schütten. Schließlich drei Liter aus dem 3-Liter-Behälter in den 5-Liter-Behälter schütten: ergibt vier Liter.

Warum brennt der Docht einer Öllampe nicht ab?

Flüssigkeiten wie Petroleum oder Lampenöl müssen erst zum Sieden gebracht werden, bevor sich ihre Gase entzünden lassen. Steckt man den ölgetränkten Docht an, überträgt sich die Energie der Zündflamme auf den Flüssigkeitsfilm im Docht, dieser siedet und beginnt mit kleiner Flamme zu brennen, was wiederum weiteren Brennstoff am Docht zum Sieden bringt. Der Docht kokelt dabei etwas an, hält in seiner Substanz aber sehr, sehr viele Stunden vor, bevor er erneuert werden muss.

Was taten die Menschen gegen Zahnweh, als es noch keine Zahnärzte gab?

400 verschiedene Mikrobenarten siedeln im Mund eines Menschen, weshalb sich dort insgesamt zehn Billionen gefräßige Kleinstbewohner tummeln. Um die Schmarotzer loszuwerden, empfiehlt sich Zähneputzen. Bis die Menschen darauf gekommen sind, hat es allerdings lange gedauert. Deshalb waren Zahnschmerzen früher ungleich weiter verbreitet. Und die Kuren und Therapien umso bizarrer: Die alten Römer etwa kauten Rabenmist oder Wolfskot. Oder sie lutschten an Fröschen. Hierzulande galt Hasenhirn als Geheimtipp: Einmal kurz das Zahnfleisch damit eingeschmiert, schon würden ausgefallene Zähne nachwachsen. Noch vor 200 Jahren zogen Quacksalber auf Jahrmärkten die Zähne mit Zangen und brannten die Wunden mit glühendem Eisen aus. Viele Patienten bezahlten den derben Eingriff allerdings mit ihrem Leben.

Wieso haben Golfbälle keine glatte, «windschlüpfrige» Oberfläche?

Gerade die so genannten Dimples auf den Golfbällen reduzieren den Luftwiderstand und erhöhen den Auftrieb in der Luft, wenn der Ball beim Abschlag einen Drall erhalten hat.

Wie herum dreht sich der Abflussstrudel in Australien?

Es soll Europäer geben, die nach der Ankunft in einem australischen Quartier als Erstes das Waschbecken voll laufen lassen und dann den Stöpsel ziehen – nur um zu sehen, in welche Richtung sich der Strudel dreht. Weil es doch heißt, dass sich außer den Tiefdruckwirbeln auch Wasserstrudel auf der Südkugel andersherum drehen als auf der Nordhalbkugel.

Für Links- und Rechtsdrall sorgt die Corioliskraft. Sie bewirkt zum Beispiel, dass auf der Nordhalbkugel die Winde alle Hochdruckgebiete im Uhrzeigersinn umwehen und alle Tiefdruckgebiete gegen den Uhrzeigersinn. Auf der Südhalbkugel rotierten die Wirbel in umgekehrter Richtung. Doch die Drehung eines ablaufenden Wasserstrudels ist variabel. Ausschlaggebend ist nicht die Geophysik, sondern die Beschaffenheit von Abfluss und Waschbecken. Eine leichte Asymmetrie etwa der Wanne oder des Abflusses üben eine mehr als tausendmal stärkere Wirkung darauf aus als die Corioliskraft, ob Wasser nun links- oder rechtsherum abfließt. Und zwar in Melbourne und Brisbane ebenso wie in Berlin oder Rom.

Im Erdgeschoss eines Hauses befinden sich drei Lichtschalter, im Keller eine Lampe. Wie kann man mit nur einem Gang in den Keller herausfinden, welcher der drei Schalter die Lampe zum Leuchten bringt?

Schalter eins wird für zehn Minuten angeschaltet. Anschließend wird Schalter eins ausgeknipst und Schalter zwei angeschaltet. Dann geht man in den Keller: Ist die Lampe kalt und aus, ist Schalter drei der richtige; ist die Lampe warm, brennt aber nicht, dann ist Schalter eins für sie zuständig; brennt die Lampe, dann muss es Schalter Nummer zwei sein.

Wievielmal öfter lässt sich ein DIN-A3-Blatt auf die Hälfte falten als ein DIN-A4-Blatt?

Ein Blatt normales Schreibpapier, egal wie groß und welches Format, lässt sich höchstens siebenmal auf die Hälfte falten.

Warum kostet es mehr Energie, einen Liter Wasser von 15 auf 16 Grad zu erwärmen, als ihn von 15 auf 14 Grad herunterzukühlen?

Die spezifische Wärme, also jene Energiemenge, die zum Erwärmen oder Abkühlen eines Stoffes benötigt wird, wächst mit steigender Temperatur. Es braucht also mehr Energie, die Wassertemperatur von 15 auf 16 Grad zu erhitzen als von 14 auf 15 Grad. Nach dem Energieerhaltungssatz benötigt das Herunterkühlen von 15 auf 14 Grad genauso viel Energie wie das Erwärmen von 14 auf 15 Grad – weniger also, als für den Kühlprozess von 16 auf 15 Grad. Klar?

Wie klein können Siliziumchips für Computer werden?

Alle 18 Monate, so eine Faustregel, verdoppelt sich die Leistung von Siliziumchips. Gleichzeitig werden die Prozessoren immer kleiner. Ein «Pentium-4-Chip» verfügt über 42 Millionen Transistoren und ist 2000 Megahertz schnell. Der Prozessor leistet zwei Milliarden Arbeitsschritte – jede Sekunde! Computerwissenschaftler gehen davon aus, dass um das Jahr 2020 das mit Silizium technisch machbare Minimum an Größe erreicht ist. Wenn nämlich die isolierende Schicht aus Siliziumoxid zwischen zwei leitenden Siliziumschichten nicht mehr als vier Atome dick ist, funktionieren die Chips nicht mehr fehlerfrei.

Wird man den Gestank eines Stinktieres je wieder los?

Exakte Angaben gibt es nicht – aber manche Leute behaupten, dass der Mief ewig anhält. Handschuhe, die von einem Skunk, wie das Stinktier auch heißt, besprüht wurden, stanken nach einem Jahr noch bestialisch. Die Stinktiere verspritzen bei Gefahr eine bernsteinfarbene Flüssigkeit aus ihren Afterdrüsen – und die stinkt nicht nur grauenvoll, sie enthält auch einen gefährlichen Giftstoff. Der kann die Nasenschleimhäute zer-

stören, man muss sich übergeben, und wenn man etwas davon ins Auge bekommt, tut das natürlich höllisch weh.
Aber das Stinktier schießt seine Munition nicht ab, ohne zuvor allerlei Drohgebärden zu machen, die auf Menschen putzig wirken. Der Fleckenskunk macht sogar Handstand! Aber: Dann bitte nicht Beifall klatschen, sondern die Beine in die Hand nehmen!

Wieso kommt der Bumerang zurück?

Bei der Nasa, der US-Luft- und Raumfahrtbehörde, sagt man: Es ist leichter, den Flug einer Rakete zu berechnen als den eines Bumerangs. Denn auf das Wurfholz wirken eine Reihe verschiedener Kräfte. Durch den Wurf selbst bewegt sich der Bumerang vorwärts – wie alles, was man wirft. Zusätzlich dreht er sich um die eigene Achse. Und da wird es kompliziert. Der Clou eines Bumerangs sind nämlich seine geschliffenen Arme. Die haben ein Profil wie Flugzeugflügel. Weil die Luft an der geschwungenen Oberseite einer Tragfläche schneller vorbeiströmt als an der glatten Unterseite, entsteht ein Sog, und das Flugzeug steigt nach oben. Doch im Gegensatz zum Tragflügel bewegen sich die Arme des Bumerangs fast senkrecht durch die Luft und nicht waagerecht. Der Sog zieht den Bumerang deshalb zur Seite. Wenn er richtig geworfen wurde, fliegt er im Kreis und kommt schließlich wieder beim Werfer an. Diese Bewegung wird noch dadurch verstärkt, dass sich das Wurfholz im Flug um die eigene Achse dreht. Die Physiker sprechen dabei vom so genannten Kreiselgesetz.

In Zahlen ausgedrückt: Was man über Hunde wissen sollte

Kein Haustier ist den Deutschen lieber als der Hund. Und kaum einer lässt sich seine Zuneigung von allerhand unangenehmen Begleitumständen trüben, die die Hundehaltung mit sich bringt.

Der Hund ist der beste Freund des Menschen – behaupten zumindest Hundebesitzer. Da ihnen diese Freundschaft lieb und teuer ist, geben sie jährlich **818 000 000** Euro für Hundefutter aus, ein gutes Viertel davon allein für Hundesnacks. Ob die Vierbeiner es sich auch schmecken lassen – darüber entscheiden ihre empfindlichen Nasen. Beim Schäferhund sind sie mit **220 000 000** Riechzellen bestückt. In Deutschland leben rund **5 100 000** Hunde. **650 000** ihrer Herrchen und Frauchen sind im Verband für das Deutsche Hundewesen organisiert. Die meisten Hunde kommen als kleine, knuddelige Welpen zu ihren Besitzern. Etwa **400 000** Hundebabys werden im Jahr von Züchtern verkauft, **100 000** aus dem Ausland importiert. Doch die Liebe zum Haustier währt häufig nur kurze Zeit: Ebenso viele Hunde werden jährlich von ihren Haltern ausgesetzt und landen im Tierheim – vor allem kurz nach Weihnachten und vor den Sommerferien.

Hauptstadt der Hunde ist Berlin: Hunderttausend Vierbeiner sind hier offiziell gemeldet, nach Schätzungen laufen noch einmal halb so viele ohne Steuermarke durch die Stadt. Dabei heben die einen wie die anderen regelmäßig das Bein oder lassen einen Haufen fallen – gut **70 000** Liter Hundeurin kriegen die Berliner Straßenbäume jeden Tag ab, rund **40 000** Kilo Hundekot bleiben liegen. Trotzdem sind die Berliner Straßenreinigungsbetriebe nicht speziell für tierische Hinterlassenschaften ausgestattet. Ganz im Gegensatz beispielsweise zu den **4500** Müllmännern in Paris: Die kämpfen mit knapp tausend Reinigungsfahrzeugen gegen den Dreck, darunter auch Kot-Ansaug-Motorrädern («Moto-Crottes»), die fahrenden Staubsaugern ähneln.

Untaugliche Halter von Kampfhunden sorgen dafür, dass eine fatale Neigung der Vierbeiner in der Öffentlichkeit präsent ist: Hunde beißen. Um die **4000** Menschen erwischt es in Deutschland pro Monat so übel, dass die Haftpflichtversicherung einspringen muss. Beruhigenden Sprüchen – wie «Der will doch nur spielen» – glauben vor allem die **2853** Briefträger nicht mehr, die im Jahr 2000 gebissen wurden – trotz Seminaren über den Umgang mit aggressiven Hunden, die die Post ihren Angestellten anbietet.

Und sollte da so mancher Mensch Rachegedanken entwickeln – ein Weg ist seit 1986 gesetzlich versperrt: Hunde zu schlachten. In China dagegen gelten seit einiger Zeit Bernhardiner als ausgesprochene Delikatesse. Da der Handel mit ihrem Fleisch gut floriert – **350** Mastbetriebe mit jeweils fünftausend Hunden könnten den Bedarf in etwa decken –, fordern Tierschützer die Schweizer Regierung auf, den Export von Bernhardinern nach Asien zu verbieten.

In den westlichen Industrieländern werden Hunde nicht nach ihrer Fleischqualität, sondern zum Beispiel nach ihrer Nutzung unterschieden. So teilt der American Kennel Club die mindestens **300** verschiedenen Hunderassen in Jagdhunde, Hetzhunde, Arbeitshunde, Terrier, Schoßhunde und Nicht-Nutzhunde ein. Hetzhunde haben die größte Ausdauer; ein Bluthund folgte einmal einer Fährte **230** Kilometer am Stück. In solchen Extremsituationen schlägt das Hundeherz bis zu **180**-mal pro Minute.

Schoßhündchen haben ein gemütlicheres Leben. Für zirka **50** Euro können sie sich im Hundesalon baden und frisieren lassen, der Trockner weht ihnen danach **40** Grad Celsius warme Luft ins schamponierte Fell. Und wenn ihr Kreislauf am Ende eines solchen Luxuslebens versagt, ist vorgesorgt: Für **30** Euro können hinterbliebene Hundehalter unter www.hundefriedhof.de ein virtuelles Hundegrab erstehen.

KAPITEL 8

Alles in Bewegung

14 Fragen zu Mobilität und Geschwindigkeit: von Wasserläufern, Weltraummüll und der Kunst, sich warm zu bibbern.

Warum rollen Meereswellen fast immer parallel zur Küste an den Strand, auch wenn sie ursprünglich aus ganz anderen Richtungen kamen?

Die Geschwindigkeit der Wellen in Landnähe hängt von der Wassertiefe ab: Je seichter das Wasser ist, desto langsamer bewegen sie sich. Wenn sich also eine Wellenfront in einem bestimmten Winkel der Küste nähert, wird der küstennahe Teil langsamer als der küstenferne Teil. Dadurch dreht sich die Welle so lange, bis sie parallel zur Küstenlinie verläuft.

Wie gelingt es einer Fliege, mit dem Kopf nach unten an der Zimmerdecke zu landen?

Wenn sich die Fliege dem Landepunkt an der Decke nähert, legt sie die Vorderbeine über den Kopf. Sobald die vorderen Füße die Decke dann berühren, schwenkt sie den Körper herum, bis alle sechs Beine nach diesem halben Salto festen Halt gefunden haben. Haftlappen an den Füßen helfen dem Insekt bei dem artistischen Manöver.

Wie schnell fliegt Weltraummüll?

In der scheinbaren Ruhe der Quasischwerelosigkeit umrunden die Trümmer von Raketen, Satelliten und Sonden im Gegenverkehr die Erde. Diese Armada der Wrackteile im erdnahen Weltall ist eine Gefahr für die in Gebrauch befindlichen Himmelskörper, etwa die Internationale Raumstation ISS. Denn mit Fluggeschwindigkeiten von bis zu 50 000 Stundenkilometern würde bereits ein Staubkörnchen beim Einschlag in die dünne Aluminiumhaut der ISS verheerenden Schaden anrichten. Die Zahl der Müllkörper wächst immer schneller. Denn die Trümmer erzeugen, wenn sie kollidieren, lawinenartig neue gefährliche Fragmente. Experten haben berechnet, dass unser Planet in etwas über 50 Jahren von einer Schrottschicht aus mehr als 10 000 000 kleinen Trümmern von der Unendlichkeit abgeschottet sein könnte.

Wer ist der Schnellste in der Luft, zu Lande und im Wasser?

Unter den Vögeln gilt der Stachelschwanzsegler als Weltmeister. Wenn er auf Insektenfang durch die Lüfte rast, erreicht er Geschwindigkeiten von bis zu 335 Stundenkilometern (km/h)!
Bei Tieren hingegen, die festen Boden unter die Pfoten nehmen, ist der Gepard Geschwindigkeitssieger. Geht der gefleckte Sprinter auf Jagd, beschleunigt er auf 120 km/h. So vermag diese große Katze Beutetiere zu überrumpeln, die größer sind als sie selbst.
Lange Hetzjagden schafft der Gepard allerdings nicht: Schon nach 500 Metern schlafft er ab. Würde ein Gepard mit einem Windhund um die Wette rennen, bliebe dem zwar im Spurt nur der zweite Platz, doch auf längeren Strecken würde dieser Hund, der normalerweise 110 km/h schafft, die Nase vorn haben.
Schwertwale sind die schnellsten Meeressäugetiere. Gemessen wurde bei ihnen ein Tempo von bis zu 65 km/h. Fächerfische wiederum lassen zwar den Schwertwal hinter sich, aber auch nur auf Kurzstrecken: Bei einem Test in Florida trug ein Fächerfisch eine Leine in nur drei Sekunden 91 Meter weit ins Meer hinaus. Das entspricht einer Geschwindigkeit von 109 km/h – Rekord unter den Meerestieren. Nah an diese Marke kommen nur Thun- und Schwertfische.

Wer erfand wann die Inlineskates?

Es war der belgische Instrumentenbauer und Erfinder Joseph Merlin. Neben vielem anderen schuf er Schlittschuhe mit kleinen Metallrädern. Die schnallte er sich um 1760 unter die Füße und begab sich samt Violine unter Narren auf einen Maskenball im Londoner Stadtteil Soho. Weder an die Rollen noch seine eigene Beweglichkeit gewöhnt, krachte er während der Party gegen einen Spiegel, zerbrach das 500 britische Pfund teure Schaustück sowie seine Violine und verletzte sich schwer. Kaum verwunderlich, dass es dann noch Jahrzehnte dauerte, bis sich das Rollschuhlaufen als Volksvergnügen durchgesetzt hatte.

Warum fliegen Zugvögel in Formation?

Der Flug in Keilformation ist eine Form des Energiesparens. Ein Vogel, der leicht nach oben versetzt hinter seinem Vordermann fliegt, nutzt aufwärts gerichtete Luftwirbel aus, die der Vogel an der Spitze erzeugt. Sie können so häufiger in eine weniger anstrengende Gleitphase übergehen und bis zu 14 Prozent Energie sparen.

Damit die Mehrarbeit im Schwarm gleichmäßig verteilt wird, wechseln die Vögel ihre Plätze, sodass jeder einmal die anstrengende Spitzenposition einnehmen muss – eine Strategie, die auch von Mannschaften im Radrennsport angewendet wird.

Wenn Mond und Erde sich anziehen, warum kollidieren sie nicht?

Seit der englische Gelehrte Isaac Newton im Jahr 1687 sein «Gravitationsgesetz» publizierte, wissen wir: Alle Körper im Weltall ziehen sich an – und zwar umso stärker, je massereicher sie sind. Der kleinere Mond wird also von der größeren Erde angezogen und umgekehrt. Und trotzdem bleiben rund 400 000 Kilometer Abstand – weil der Mond durch den Kurvenflug gleichzeitig nach außen treibt wie der Sitz in einem Kettenkarussell.

Gibt es Tiere, die über das Wasser laufen können?

Mehrere Arten sogar. Eine davon ist die Gerandete Jagdspinne (*Dolomedes fimbriatus*). Sie steht zumeist mit einigen ihrer acht Beine fest auf dem Wasser; mit den anderen hält sie sich dabei an einem Ast oder

Uferstück fest. Die Haarpolster unter den Fußgliedern verteilen das Gewicht von Deutschlands größter Spinne auf eine so große Fläche, dass sie nicht einsinkt, sondern, getragen durch die Oberflächenspannung, sogar auf dem Wasser zu laufen vermag.

Mit ihren Vorderbeinen «horcht» die Spinne nach Beute. Sie kann deutlich zwischen Schwingungen des Wassers, die der Wind verursacht, solchen von herabfallenden Samen und Blättern oder denen eines lebenden Insekts unterscheiden. Bei Gefahr kann die Spinne auch an Pflanzen ins Wasser hinabklettern und dank einer Luftblase, die sich um die dichte Behaarung des ganzen Körpers herum bildet, dort bis zu einer Stunde verharren.

Der Wellenläufer (*Oceanodroma leucorhoa*), eine Vogelart, tut zumindest so, als könnte er übers Wasser laufen. Er fliegt so dicht über der Meeresoberfläche, dass er dabei die Füße ins Nass tauchen kann. Für den Beobachter sieht es dann so aus, als laufe er über das Meer. In Wahrheit aber benutzt er die Füße nur zum Drosseln seiner Geschwindigkeit, damit er seine Nahrung von der Wasseroberfläche sammeln kann. Die Reihe der wasserleichten Tiere ließe sich übrigens noch weiter fortsetzen.

Wie schnell hätte Jesus sein müssen, um über das Wasser laufen zu können?

Der Physiker Deniz Ertas hat dazu eine einfache Rechnung aufgemacht: Damit der Läufer nicht untergeht, müssen die Kräfte, die seine Füße auf die Wasseroberfläche ausüben, mindestens so groß sein wie sein Gewicht. Die Minimalgeschwindigkeit beträgt demnach zehn Meter in der Sekunde oder 36 Stundenkilometer.

Für präzise Aussagen muss man als weitere Bezugsgröße aber auch die typische Form menschlicher Füße berücksichtigen. Diese einbezogen, errechnete Ertas für den christlichen Wasserläufer eine Minimalgeschwindigkeit von 20 Metern in der Sekunde oder 72 Stundenkilometern. Bei einem solchen Tempo würde der Läufer eine Kraft von 600 Newton ausüben und eine Leistung von 1200 Watt erbringen – was weit jenseits menschlicher Möglichkeiten liegt; zumindest der von Normalsterblichen.

In welche Richtung fliegen Zugvögel schneller – von Norden nach Süden oder ins Sommerquartier von Süden nach Norden?

Nach Norden fliegen sie schneller. Manche Singvogelart legt den Weg vom Überwinterungs- ins Brutgebiet in der halben Zeit zurück. Warum das so ist, wissen die Ornithologen nicht genau. Eine mögliche Erklärung ist der Konkurrenzdruck: Wer zuerst am Ziel ist, besetzt den schönsten Brutplatz. Frei nach dem Motto: Wer zuerst kommt, mahlt zuerst.
An derartigen Rätseln hat die Vogelzugforschung noch viel zu bieten: zum Beispiel, warum die Kurzschwanz-Sturmtaucher ihre Inseln zwischen Tasmanien und Australien jedes Jahr im April verlassen, 30 000 Kilometer durch den Pazifik ziehen und zwischen dem 20. und 23. November zurückkehren – und zwar immer genau zwischen 19.40 Uhr und 20 Uhr.

Wie schnell bewegen sich Gletscher?

Obwohl Festkörper, sind Gletscher ständig in Bewegung. Das Eis fließt wie ein zäher Brei von Aufwölbungen und Gebirgen hinunter – indem die gesamte frostige Masse auf einem Schmelzwasserfilm an der Basis gleitet und sich die Ebenen der Kristalle unter dem Einfluss der Schwerkraft gegeneinander verschieben wie ein Stapel Spielkarten.
Den Rekord unter den «Eis-Läufern» hält der Kutiah-Gletscher in Pakistan: 1953 legte er bei einem außergewöhnlichen Zwischenspurt in drei Monaten zwölf Kilometer zurück. Die großen Alpengletscher hingegen lassen sich Zeit: Die langsamen schaffen 20 Meter im Jahr, die schnellsten etwa zehnmal so viel.
Am Ende schmilzt der Geländegewinn ohnehin. Oder geht baden: Als größte Eismaschine der Erde schiebt der Ilulissat-Gletscher in Grönland jährlich 26 Kubikkilometer Eis ins Meer; bis zu 30 Meter gibt er bei diesem so genannten «Kalben» täglich her.

Welches ist die schnellste Tätigkeit, die ein Lebewesen ausführen kann?

Mit den Flügeln zu schlagen wie eine Mücke. Das unscheinbare Insekt schafft diese Bewegung 950-mal pro Sekunde – oder 57 000-mal in der Minute!

Warum zittern wir, wenn wir frieren?

Wenn draußen die Temperaturen sinken, ziehen wir uns wärmer an, drehen die Heizung auf und trinken einen schönen heißen Kakao. Aber manchmal hilft das alles nichts. Dann beginnen wir mit merkwürdigen Bewegungen: mit Zittern am ganzen Leib und Zähneklappern, ohne dass man es stoppen könnte. Das ist auch besser so. Denn nun hat der Körper seinen eigenen «Ofen» angeworfen. Unsere Muskeln ziehen sich in schneller Folge immer wieder zusammen. Durch dieses Muskelspiel entsteht Bewegung – und diese Bewegung erzeugt Wärme.

Können Steine wandern?

Ja, zumindest die Felsbrocken in der «Racetrack Playa». «Ebene der Rennspuren» wird das seit Jahrtausenden ausgetrocknete Seebett im Death-Valley-Nationalpark genannt. Es liegt zwischen den US-Bundesstaaten Kalifornien und Nevada. Dort wandern mächtige Gesteinsbrocken, die bis zu 320 Kilogramm schwer sind, mit einer Geschwindigkeit von zuweilen zwei Metern pro Sekunde über den Wüstenboden.

Einmal im Jahr begeben sie sich auf ihre mysteriöse Wanderschaft; sie hinterlassen Schleifspuren und ungelöste Fragen. Aus eigener Kraft kommen sie jedenfalls nicht voran. Forscher gehen davon aus, dass die rasenden Steine auf ein Zusammenspiel von Zufällen und geologischen Besonderheiten angewiesen sind, um sich in Bewegung zu setzen. Ein bis zwei Tage vor der Wanderung muss kräftiger Regen gefallen sein, der Lehm von den nahen Bergen spült, sodass ein glitschiger Film den Boden überzieht. Dann braucht es kräftigen Wind. Die Ebene der Rennspuren ist einer der flachsten Orte der Welt: Ihr nördliches Ende ist nur fünf Zentimeter höher als der gut vier Kilometer entfernte Südzipfel. Der Wind wird hier nirgends gebrochen und fegt zuweilen mit mehr als 100 Stundenkilometern über den Boden. Das könnte reichen, um die Felsbrocken über den schmierigen Lehmboden zu treiben.

Einige Geologen vermuten allerdings, dass die Steine erst ins Rutschen kommen, wenn sich über dem lehmigen Untergrund im Winter an den Steinen Eisschilde bilden, die dem Sturm eine größere Angriffsfläche bieten.

In Zahlen ausgedrückt:
Wie viele Menschen auf der Flucht sind

Schlechte Lebensbedingungen vertreiben seit Menschengedenken ganze Völker aus ihrer Heimat.

Etwa **100 000 000** Menschen leben zurzeit in der Fremde, in Ländern, in denen sie nicht geboren sind. Migration ist allerdings kein Kennzeichen der Gegenwart: Seit dem Auszug der ersten Hominiden aus der afrikanischen Steppe ist Völkerwanderung eine treibende Kraft der Menschheitsgeschichte. Doch kaum jemand verlässt völlig freiwillig seine Heimat – wer es zu Hause gut hat, bleibt im Allgemeinen auch dort. Bürgerkriege, Massenvertreibungen, Unterdrückung und vor allem Armut lassen indes ganze Völker selbst Ozeane überwinden.

60 000 000 Europäer haben – meist als Notleidende oder als politisch Verfolgte – von 1850 an bis zum Beginn des Zweiten Weltkriegs den alten Kontinent verlassen. Sie zogen in die Neue Welt, vor allem in die USA, die aus Europa **40 000 000** Menschen aufnahmen. Fast alle, die sich auf den Decks stampfender Auswandererschiffe drängten, waren von der Hoffnung auf ein besseres Leben beseelt. Ein großer Teil der heutigen Migranten hingegen hat sich auf die Flucht begeben, um überhaupt zu überleben. Auf **21 200 000** schätzte der Hohe Flüchtlingskommissar der Vereinten Nationen im Jahr 2001 die Zahl derer, die oft nur ihre blanke Haut retten konnten oder die hin und her getrieben werden zwischen zwei Ländern.

Zu den furchtbarsten «Völkerwanderungen» in der Geschichte zählen die Verschleppungsaktionen der Kolonialzeit. Im 17. und 18. Jahrhundert wurden etwa **15 000 000** Afrikaner in Ketten gelegt und als Sklaven nach Nordamerika, Brasilien und in die Karibik verkauft. Kaum besser waren im 19. Jahrhundert die mindestens **10 000 000** «Kulis» gestellt, die als Tagelöhner vor allem aus China und Indien in alle Welt transportiert wurden.

Ein jüngeres Beispiel für die konfliktreichen Folgen einer Staatsbildung: Aus der britischen Kolonie Indien entstanden 1947 zwei Nationalstaaten; Indien und Pakistan, zu dem seinerzeit auch noch Bangladesh gehörte. **7 000 000** indische Muslime flohen im Gründungsjahr in den neuen islamischen Staat Pakistan, und noch einmal so viele Hin-

dus bildeten eine gewaltige Fluchtwelle in die entgegengesetzte Richtung.
Völkerwanderungen bestimmen auch die europäische Geschichte des 20. Jahrhunderts. **5 900 000** Vertriebene und Flüchtlinge drängten sich 1946 in Deutschland allein in den drei westlichen Besatzungszonen. Insgesamt haben doppelt so viele Deutsche ihre Heimat verloren. Dass in Europa Vertreibung auch heute nicht zur Vergangenheit gehört, ist seit dem Krieg im ehemaligen Jugoslawien offenkundig, wo **2 600 000** Menschen von Haus und Hof vertrieben worden sind. Jährlich verlassen heute **1 500 000** Bürger weltweit ihre angestammte Umgebung für immer, und noch einmal **900 000** suchen vorübergehend irgendwo Unterschlupf. Im Jahre 2001 beantragten in Deutschland **88 287** Menschen Asyl.
Über eine halbe Million Deutsche emigrierten nach dem Mauerbau im August 1961 bis 1988 aus der DDR in die Bundesrepublik. Insgesamt verlor Ostdeutschland von 1949 bis 1995 ein Viertel seiner Bevölkerung. **34 000** politische Gefangene kaufte die Bundesregierung aus dem Arbeiter-und-Bauern-Staat heraus – zum «Kopfpreis» von zuletzt 95 000 Mark. Die Fluktuation in die andere Richtung war dagegen spärlich: Von August 1961 an zogen jedes Jahr gerade mal **3000** Westdeutsche in die DDR.

KAPITEL 9

Ohne Wasser geht es nicht

12 Fragen über Flüssigkeiten und ihre Eigenschaften: von kaltem Kaffee, schwimmenden Planeten und saurer Milch.

Wie kommt das Salz ins Meer, und warum ist im Atlantik mehr als im Pazifik?

Das Regenwasser löst beim Versickern und beim ober- wie unterirdischen Abfließen Salze aus Böden und Gestein. Über Bäche und Flüsse gelangen diese Salze von 73 Elementen ins Meer. Dort verdunstet Wasser, das Salz bleibt zurück, wodurch sich seine Konzentration erhöht. Seit Millionen von Jahren funktioniert dieser Wasserkreislauf, der das heutige Meerwasser auf einen Salzgehalt von weltweit durchschnittlich 34,7 Promille gebracht hat. Das heißt: Beim Eindampfen von einem Liter Meerwasser blieben 34,7 Gramm Salz übrig. Der Salzgehalt schwankt um 30 bis 40 Prozent von einem Ozean zum anderen, ist aber auch innerhalb eines einzigen Meeres verschieden. So ist er im Bereich von Flussmündungen aufgrund des hohen Süßwasserzustromes niedriger, in abgeschlossenen Meeren mit hoher Verdunstung wie etwa dem Toten Meer deutlich höher. Der Atlantik ist im Durchschnitt um ein Promille salziger als der Pazifik. In manchen Regionen kann der Unterschied sogar mehr als drei Promille betragen. Ursache ist der Wasserhaushalt der Atmosphäre im Bereich der Ozeane: Über dem Atlantik verdunstet mehr Wasser als über dem Pazifik, und über dem Pazifik geht mehr Regen nieder als über dem Atlantik. Der Wasserhaushalt des Atlantiks ist folglich durch einen Exportüberschuss gekennzeichnet – er verliert mehr Wasser als der Pazifik und ist deshalb salziger.

Wann macht Kaffee müde?

Unglaublich, was in den kleinen Kaffeebohnen alles steckt: zum Beispiel mehr als 1000 Aromastoffe für den Wohlgeruch sowie 80 Säuren für den guten Geschmack. 550 000 Tonnen Rohkaffee werden jährlich in Deutschland konsumiert. Dabei schätzt man insbesondere die stimulierende Wirkung des Koffeins. Der Naturstoff regt Herz, Stoffwechsel und Atmung an. Wird allerdings eine gewisse Zufuhr überschritten, schlägt das Nervensystem Alarm und drosselt alle Körperfunktionen: Der Kaffeetrinker fühlt sich plötzlich schlapp. An einer Überdosis Koffein zu sterben, ist allerdings so gut wie unmöglich: Ein mittelschwerer Erwachsener müsste 1250 Tassen auf einmal trinken, um die kritische Menge von 10 Gramm zu sich zu nehmen.

Trinken auch Fische Wasser?

Manche schon, andere nicht – je nachdem, wo die Tiere leben: ob im Meer oder in Süßwasserseen und -flüssen. Im Meer ist der Salzgehalt des Wassers höher als der im Fischkörper. Durch dieses Ungleichgewicht verliert der Fisch ständig Wasser an seine Umwelt. Ein Vorgang, den Biologen «Osmose» nennen: Das Wasser aus der weniger konzentrierten Salzlösung strömt durch die Zellhüllen der Haut und der Kiemen in Richtung der höher konzentrierten – in dem Versuch, eine ausgewogene Mischung herzustellen. Um diesen Wasserverlust auszugleichen, muss der Fisch also Meerwasser trinken – was anderes gibt es ja nicht. Dadurch nimmt das Tier mehr Salz auf als nötig. Während bei uns solch überschüssiges Salz von den Nieren rausgefiltert und per Urin ausgeschieden wird, ist es bei Salzwasserfischen mit Pinkeln nicht getan. Deshalb können sie das Salz über die Kiemen abgeben.

Im Süßwasser ist es umgekehrt. Weil die Fische dort einen höheren Salzgehalt haben, nehmen sie durch Osmose so viel Wasser auf, dass sie gar nicht trinken müssen. Sie haben eher ein Problem, das ganze Wasser wieder loszuwerden. Deshalb pieselt ein Süßwasserfisch täglich bis zu einem Drittel seines Körpergewichts raus!

Wie viel Wasser gibt es im Universum?

Kosmophysiker, die berufsbedingt Nullen nicht scheuen, berechneten den Wasserhaushalt des Alls auf zehn Millionen Milliarden Sonnenmassen. Stünde die Flüssigkeit in einem großen Eimer – ein Tropfenrest vom Eimerrand reichte leicht, die irdischen Ozeane mit ihren mehr als 1,4 Milliarden Kubikkilometern Wasser zu füllen. Und zwar mehrfach.

Warum weinen wir, wenn wir traurig sind?

Selbst die Wissenschaft kennt keine klare Antwort. Fest steht, dass es zwei Arten von Tränen gibt. Unser Körper produziert in den Tränendrüsen beider Augenhöhlen fortwährend eine salzige Flüssigkeit, die mit jedem Lidschlag auf der Hornhaut des Auges verteilt wird. Diese Tränen schützen das Auge vor dem Austrocknen und halten es sauber. Geweint wird jedoch auch bei Schmerzen oder Traurigkeit. Viele Menschen sagen, sie fühlten sich danach erleichtert. Forscher vermuten, dass die Tränen in solchen Fällen Substanzen aus dem Körper waschen, etwa bestimmte Eiweiße, die bei Gefühlsstress produziert werden. Sind diese «Trauerstoffe» draußen, erscheine einem die Welt wieder freundlicher.

Dieser These widerspricht, dass viele Trauertränen gar nicht das Gesicht benetzen: Sie fließen in den Tränensack, durch den Tränen-Nasen-Gang in die Nasenhöhle und dann zurück in den Rachen. Schadstoffe würden also gar nicht entsorgt. Vielleicht ist Weinen ja auch in erster Linie ein soziales Signal: Wer traurig weint, hofft auf Trost aus seiner Umgebung.

Welche Meereswellen sind am schnellsten?

Am 17. Juli 1998, gegen acht Uhr abends, wurde die Pazifikinsel Papua-Neuguinea von Wellen schwer getroffen. Binnen weniger Minuten starben 2200 Menschen; 9500 wurden obdachlos. Ein unheimliches Naturereignis, das einen geheimnisvollen Namen trägt: «Tsunami».

Tsunami ist Japanisch und bedeutet «Große Welle im Hafen». Aber weshalb «im Hafen»? Weil sie erst dort, an der Küste also, ihre unheimliche Energie entfesselt. Vorher sind die Riesenwellen so gut wie unsichtbar. Kein Sturm, kein Wölkchen kündigt sie an. Das Leben der Brecher beginnt meist tief unter der Wasseroberfläche: Tsunamis werden durch

Seebeben ausgelöst. Diese Unterwasser-Erdbeben erschüttern den Meeresgrund bisweilen so stark, dass sich ein großes Stück Ozeanboden ruckartig hebt und senkt. Das wirkt sich dann auch nach oben aus: Das Meer «beult» sich aus oder ein – und schickt beim Zurückschwappen nach allen Seiten Wellen auf den Weg. Als plumpse ein Stein in einen Tümpel.
Einmal in Fahrt gebracht, überqueren die Wellen dann ganze Ozeane – mit über 700 Stundenkilometern. Draußen auf dem Meer sind sie kaum höher als einen Meter. Erst an der Küste zeigt sich ihre wahre Größe: Der ansteigende Meeresboden bremst sie ab – und weil die Wellen ihre ungeheure Energie loswerden müssen, wachsen sie in die Höhe, manche Tsunamis sogar höher als ein zehnstöckiges Haus. Die Welle, die 1998 Papua-Neuguinea traf, war gerade mal ein Drittel so hoch. Und die größte bisher gemessene 524 Meter! Sie rollte 1958 durch die – glücklicherweise menschenleere – Lituya-Bucht in Alaska.

Wer kann unter Wasser riechen?

Im Wasser gibt es einiges zu riechen – nur für Menschen leider nicht. Dazu müssten wir die Geruchspartikel nämlich durch die Nase einatmen. Und das ist kein Spaß, wie wohl schon jeder selbst erfahren hat. Fische haben damit natürlich kein Problem. Denn die atmen durch Kiemen. Trotzdem haben sie auch Nasen. Damit riechen sie zum Beispiel: Wo gibt es etwas zu fressen? Gleichzeitig ist ihre Nase ein wichtiges Warnsystem: Der Geruch eines verletzten Tieres ist für viele Fische ein Alarmsignal. Sie flüchten dann aus Angst, angegriffen oder gefressen zu werden.
Allerdings: Ganz ohne Wasser könnten auch Menschen keinen Geruch erkennen. Jeder Duft, der uns durch die Luft erreicht, ist eine chemische Verbindung. Und die wird erst einmal gelöst in einer hauchdünnen wässrigen Schicht an der Nasendecke. Dann erst gelangt ein Geruch zu den Riechzellen, die die chemischen Reize aufnehmen und Informationen darüber an das Gehirn weitergeben.

Wann wurde der erste Wasserautomat aufgestellt?

Sehr wahrscheinlich vor etwa 1900 Jahren. Wer damals eine Münze in den Automaten einwarf, erhielt eine Portion Weihwasser. Die durch einen Schlitz fallende Münze landete auf einem Plättchen, das am längeren Ende eines Hebelarms befestigt war. Durch sein Gewicht bewegte das Geldstück den Hebel wie einen Waagbalken nach unten, wobei sich die Platte in Schräglage stellte und die Münze in die Opferkasse gleiten ließ. Gleichzeitig öffnete der kürzere Hebelarm ein Ventil, sodass aus einem Sammelbehälter mit Schwimmer ein bestimmtes Quantum Weihwasser fließen konnte.

Erfunden wurde der Apparat vom Mathematiker und Tüftler Heron von Alexandria, der die Priester auch mit automatischen Tempeltüren erfreute.

Welcher Planet ist so leicht, dass er auf Wasser schwimmen könnte?

Vorausgesetzt, man fände einen See, der groß genug ist, könnte man dort Saturn schwimmen lassen. Als einziger Planet ist seine Dichte geringer als die von Wasser – was ihm genügend Auftrieb geben würde.

Wie wird der Kaffee schneller kalt: Indem man ihn erst abkühlen lässt und dann kalte Milch dazugießt? Oder indem man die kalte Milch gleich hineingibt und dann abwartet?

Die Geschwindigkeit des Wärmetransports ist vom Temperaturunterschied zwischen Kaffee und Umgebung abhängig. Je größer dieser Unterschied ist, desto schneller findet der Wärmeausgleich statt. Deswegen ist die erste Methode die schnellere.

Weshalb sind Eiswürfel nicht immer ganz klar?

Ob klare oder trübe Eiswürfel in der Limonade schwimmen, hängt davon ab, wie kalt die Tiefkühltruhe oder das Gefrierfach ist. Ist die Temperatur nicht besonders tief, dann beginnt das Wasser langsamer an einer einzelnen Stelle zu gefrieren. So haben die Luftbläschen im Wasser Zeit, in aller Ruhe zu entweichen. Gefriert das Wasser aber sehr schnell, dann bildet sich gleichzeitig an mehreren Stellen Eis, und die Luftbläschen werden eingeschlossen. Und diese gefangenen Bläschen sind es, die das Eis dann trüb aussehen lassen.

Wird Milch bei Gewitter sauer?

Ja – zumindest, wenn man der Bauernregel glaubt. Und so manche Urgroßmutter behauptete, dass die Milch vor der Erfindung des Kühlschranks bei sommerlichen Gewittern oft schneller umschlug als gewöhnlich. In Wahrheit haben Blitz und Donner keinen Einfluss auf diesen Prozess. Wissenschaftler meinen, eher sei die feuchtwarme Luft schuld an frühzeitiger Verdickung. Schließlich kommt bei Wärme die Gerinnung besser in Gang, weil sich die Säuerungskeime in der Milch stärker vermehren. Die Keime spalten dann Milchzucker zu Milchsäure – und die Milch schlägt um.

Und wenn wir schon bei diesem Thema sind, könnte noch eine andere Frage interessant sein: Wie kommt die Haut auf die Milch?

Auch hier ist die Kraft der Wärme schuld. Milch enthält Wasser, Fett und Milchzucker. Außerdem enthält sie verschiedene Eiweiße, zum Beispiel Albumin. Dies ist derselbe Stoff, aus dem auch das Eiklar besteht. Und was passiert, wenn man ein Ei kocht? Richtig: Es wird hart, weil das Eiweiß gerinnt. Das Gleiche passiert, wenn man Milch überhitzt: Bei 70 Grad Celsius gerinnt das Albumin – und setzt sich oben auf der Milch ab als Haut. Diese Haut sieht nicht nur unappetitlich aus, sie bewirkt auch das Überkochen von Milch: Denn der beim Erhitzen entstehende Dampf bleibt so lange unter der geronnenen Eiweißschicht gefangen, bis die Haut plötzlich zerreißt – und sich ein schäumendes Milchgemisch über den ganzen Herd ergießt.

In Zahlen ausgedrückt:
Wie es sich mit ganz wenig Wasser leben lässt

Wasser gilt nicht von ungefähr als Lebenselixier. Aber das heißt nicht, dass in den Trockengebieten der Erde kein Leben möglich wäre. Allerdings zwingt die Wasserarmut die Organismen zu besonderen Anpassungsleistungen.

Mehr als **1/3** der Landfläche unserer Erde besteht aus Wüsten, Wüstensteppen oder Trockensavannen (nicht gerechnet die beiden Polargebiete). Diese nahezu vegetationslosen Gebiete hatte der Astronaut Neil Armstrong vor Augen, als er aus dem All berichtete, dass die Landmassen «ganz überwiegend braun» erscheinen. Ein Kriterium ist für das Phänomen Wüste entscheidend: die Aridität, der Mangel an Wasser. In ariden Gebieten ist die Verdunstung größer als der Niederschlag. Das scheinbare Paradoxon erklärt sich durch Grundwasser, das an die Oberfläche gelangt und dort verdunstet. Dabei fällt sogar Regen – nur kommt davon kaum etwas auf dem Boden an. Denn in der Wüste sind «Geisterregen» besonders häufig – die Tropfen verdunsten beim Fall durch die heiße Luft, noch bevor sie die Erde erreichen.

16 Prozent der Weltbevölkerung leben in den **21** Trockengebieten der Erde, meist in deren Randzonen. So gut wie unbewohnt sind die hyperariden Kernräume, in denen im Durchschnitt weniger als **25** Millimeter Niederschlag pro Jahr fallen. Tatsächlich können manche Gebiete **40** Jahre lang ohne Regen sein, bis überraschend die statistische Niederschlagsmenge aller Trockenjahre wolkenbruchartig auf die Erde stürzt. In dieser extrem lebensfeindlichen Umwelt vermögen nur hoch spezialisierte Tier- und Pflanzenarten zu bestehen. Akazien in der Sahara zum Beispiel bohren ihre Wurzeln auf der Suche nach Grundwasser bis zu **50** Meter tief. Ohne Wurzeln kommt dagegen die kugelförmige Bro-

melie (*Tillandsia latifolia*) aus. Sie zieht ihre Feuchtigkeit aus der nebligen Luft der Atacama-Wüste, durch die der Wind die Pflanze treibt.

In vielen Wüsten herrscht neben Wassermangel extreme Hitze. Bis zu **52** Grad Celsius im Schatten erreicht die Temperatur in der Sahara, denn dort brennt die Sonne ohne einen Wolkenfilter auf die Erde. Andererseits wird ohne Wolkendecke die Wärme nicht am Boden gehalten, und das ist der Grund für den häufigen Nachtfrost. Die maximale Schwankung zwischen Tag- und Nachttemperatur beträgt **68** Grad Celsius.

Da es keinen Schatten spendenden Pflanzenbewuchs gibt, leben einige Flechten in den Poren von Kalkgestein. Dort bekommen sie Licht, sind aber vor Austrocknung geschützt. Anders die Flechte *Ramalina maciformis*, die sogar auf glühend heißen Steinen überlebt: Sie würde erst bei **85** Grad Celsius eingehen.

Unter den Säugetieren ist das Kamel auf besonders spektakuläre Weise an die Wüste angepasst. Einen halben Monat kann es ohne zu trinken im heißen Sommer durch die Sahara ziehen. Findet es dann eine Wasserstelle, schluckt das Höckertier gleich **200** Liter in nur einer Viertelstunde. Noch wesentlich länger vermögen einige Pflanzen ohne Wasser zu überleben. Und manche Ephemeren hatten schon **300** Jahre ihres Daseins als Samen verbracht, ehe Forscher sie zum Leben erweckten. Solche «Kurzzeit-Pflanzen» wachsen, blühen und sterben innerhalb weniger Tage. Übrig bleiben neue Samen.

Wer nicht ohne Wasser gedeihen kann, der speichert es. Einige Sträucher haben insgesamt **600** Kilometer lange Wurzelstränge, die weit verzweigt auf etwa **1000** Quadratmetern jeden Tropfen Regenwasser aufsaugen. Auch Kakteen sind potente Wasserspeicher. Der Saguarokaktus zum Beispiel sammelt in seinem dehnbaren «Stamm» und den Verzweigungen bis zu **8000** Liter. Damit kann er sich zwei trockene Jahre lang über Wasser halten.

KAPITEL 10

Die Kunst zu schlafen

9 Fragen zur überlebenswichtigen Ruhephase: von Langschläfern, Pinkelpausen und Träumern.

Warum brauchen Kinder mehr Schlaf als Erwachsene?

Ungefähr ein Drittel unseres Lebens verpennen wir. Mit anderen Worten: Wer 75 Jahre alt wird, hat knapp 27 Lebensjahre verschlafen. Doch bevor man über all die vertane Zeit jammert: Schlaf ist unverzichtbar und lebensnotwendig. Babys schlafen bis zu 20 Stunden am Tag – damit das Gehirn erst mal die zahllosen Eindrücke verarbeiten kann, die tagsüber auf das Neugeborene eingeprasselt sind.

Pubertierende brauchen ihre individuelle Nachtruhe, weil der Körper im Schlaf das Wachstumshormon Melatonin produziert. Erwachsene dagegen kommen mit sieben, acht Stunden Schlaf aus. Dabei sind alle Zahlen nur Durchschnittswerte. Mancher fühlt sich auch nach zehn Stunden Schlaf am nächsten Morgen «wie gerädert».

Die wohl größte Schlafmütze gibt es übrigens im Tierreich: Der possierliche Koala aus Australien ratzt 22 Stunden pro Tag – durchschnittlich zwei Stunden mehr als das sprichwörtliche Faultier im tropischen Regenwald.

Warum schießt Fledermäusen nicht das Blut in den Kopf, wenn sie von der Decke hängen?

Fledermäuse haben in ihren Kopfvenen Klappen – wie Menschen in den Beinvenen –, damit das Blut beim Hochpumpen gegen die Schwerkraft nicht wieder zurückfließt. So sorgen auch die Venenklappen im Fledermaus-Kopf für eine normale Blutzirkulation.

Immerhin hängt die Fledermaus während ihres «Winterschlafes» fünf bis sechs Monate kopfüber von der Decke. Dabei schläft sie allerdings nicht nur: Sie ist oft wach, aber lethargisch und kann ihre Körpertemperatur bis nahe an die winterliche Umgebungstemperatur senken.

Warum aber hängt sich die Fledermaus kopfüber auf? Eine mögliche Erklärung: Damit sie bei Gefahr schneller fliehen kann; einfach fallen lassen und davonrauschen.

Schluckt man eigentlich im Schlaf?

Ein erwachsener Mensch schluckt in 24 Stunden rund 600-mal: 550-mal, wenn er wach ist (davon 200-mal beim Essen) – und immerhin noch 50-mal im Schlaf! Dass wir schlummernd weniger schlucken, liegt daran, dass unsere Speicheldrüsen dann kaum arbeiten. Sie produzieren gerade so viel Speichel, wie nötig ist, um die Mundschleimhaut feucht zu halten. Aber auch das ist eben noch so viel, dass wir das Zeug von Zeit zu Zeit runterschlucken müssen – was allerdings unbewusst geschieht, sodass wir dabei seelenruhig weiterschlafen.

Tagsüber dagegen fließt die Spucke in Strömen. Fast einen Liter produzieren die Speicheldrüsen in dieser Zeit: wenn wir sprechen zum Beispiel – und natürlich beim Essen. Der Speichel hilft nämlich, die zerkauten Brocken so breiig zu machen, dass wir sie überhaupt herunterschlucken können.

Außerdem reinigt der ständige Speichelfluss unsere Zähne. Ohne Spucke würden sie bald Löcher kriegen und ausfallen – ohne Zähneputzen allerdings auch …

Schlafen Pferde im Stehen?

Dass Pferde selbst im Schlaf noch standfest seien, ist nicht mehr als eine hartnäckige Legende. Pferde haben während des 24-Stunden-Tages mehrere kürzere und längere Ruheperioden. Grundsätzlich gibt es zwei Ruheformen: im Stehen oder im Liegen. Erwachsene Pferde verbringen etwa 80 Prozent ihrer Ruheperioden im Stehen. Dabei schlafen sie im Allgemeinen nicht, sondern dösen nur. Es ist also ein Wach-Schlaf-Zustand, der die Tiere im Notfall sofort die Flucht antreten lässt. Junge Pferde im Alter von bis zu drei Jahren ruhen deutlich länger im Liegen, und zwar entweder in Bauch- oder Seitenlage. Durch Messungen der Gehirnströme weiß man, dass Pferde nur im Liegen wirklich schlafen können.

Bei den Schlafzuständen unterscheidet man den Non-REM- und den REM-Schlaf. Der Non-REM-Schlaf ist gekennzeichnet durch eine herabgesetzte Muskelspannung, verlangsamte Atmung und herabgesetzten Herzschlag. Er dient wahrscheinlich der körperlichen Erholung und ist meist in der Bauchlage zu beobachten. Beim REM-Schlaf liegt das Tier stets in der Seitenlage – und träumt! Von Untersuchungen an anderen Tieren und am Menschen weiß man, dass der REM-Schlaf für das psychische Wohlbefinden von Bedeutung ist.

Erfrieren Frösche im Winter?

Meistens nicht. Frösche besiedeln auch extreme Klimazonen und trotzen Eiseskälte wie Trockenheit gleichermaßen mit erstaunlichen Überlebensstrategien. In unseren Breiten fallen sie – gut versteckt in frostgeschützen Erdlöchern oder Teichen – in Winterstarre. Dazu drosseln sie radikal ihren Stoffwechsel; Herzschlag und Atemfrequenz werden erheblich verringert, die Sauerstoffversorgung unter Wasser sogar zugunsten der Hautatmung vollständig ausgesetzt.

Eiskristalle können ihren Körper überziehen, und manche Froschart vergrößert durch eine hohe Konzentration von Glukose im Leib ihre Kältetoleranz. Durch den Blutzuckerspiegel sinkt der Gefrierpunkt des Körpersaftes unter minus vier Grad Celsius. Und wenn die Sonne dann im Frühling wieder wärmt, erwachen die Erstarrten zu neuem Leben.

Warum müssen Grizzlybären während ihres monatelangen Winterschlafes niemals pinkeln?

Die Bären verändern ihren Stoffwechsel im Winterschlaf so, dass aus den Abfallprodukten des Eiweißstoffwechsels – nämlich dem Harnstoff – neue Eiweiße aufgebaut werden. Sie müssen während dieser

Zeit auch nichts trinken, denn bei der Fettverbrennung zur Energiegewinnung entsteht als Nebenprodukt Wasser.

Warum gehen Hühner früh schlafen?

Mensch und Tiere verfügen über eine «innere Uhr», die ihre Verhaltensabläufe zeitlich steuert. Dieser Prozess beruht auf noch nicht in allen Einzelheiten geklärten physiologischen Abläufen und wird durch Umwelteinflüsse synchronisiert. Die wichtigsten Einflüsse sind dabei der tägliche Hell-dunkel-Wechsel (Tag-Nacht-Rhythmus), aber auch der Jahreszeitenrhythmus und teilweise sogar der Phasenwechsel des Mondes.
Die Aktivitäts- und Ruhephasen von Tieren sind artgebunden. Tagaktive Tiere sind im Hellen, nachtaktive bei Dunkelheit und dämmerungsaktive Tiere in der Dämmerung abends und morgens unterwegs.
Auslöser für den Aktivitätswechsel ist also die Intensität des Lichtes. Darauf beruht zum Beispiel auch die so genannte «Vogeluhr», die den morgendlichen Gesangsbeginn der verschiedenen Vogelarten ordnet.
Hühner sind tagaktive Tiere, deren Ruhephase kurz vor Sonnenaufgang endet – wenn der Hahn kräht – und kurz nach Sonnenuntergang wieder einsetzt, weshalb die Hühner mit der Sonne schlafen gehen. Die Dauer der Schlafphase verändert sich im Jahresverlauf.

Kann der Mensch im Schlafe lernen?

Forscher gehen inzwischen davon aus, dass der Schlaf uns zumindest wesentlich beim Lernen hilft. Schon vor 100 Jahren haben erste Experimente gezeigt, dass bereits Gelerntes im Schlaf quasi in das Langzeitgedächtnis «eingebrannt» wird. Eine Reihe neuer Studien unterstreicht diese These.
Schlafforscher in den USA fanden heraus, dass Versuchspersonen zuvor antrainierte Fähigkeiten besser und länger beherrschten, wenn sie direkt nach der Lernphase zu Bett gingen und mindestens acht Stunden schliefen. Belgische Wissenschaftler stellten mit Hilfe der PET-Technik (Positronen-Emissions-Tomographie) fest, dass in den kurzen, aber traumreichen REM-Phasen (Rapid Eye Movement) unseres Schlafes die gleichen Hirnareale aktiv sind, die auch am stärksten aufleuch-

ten, wenn wir neue Aufgaben bewältigen. Sie vermuten, dass Erlerntes während der Träume im Gedächtnis abgespeichert wird.
Deshalb Achtung, Schüler und Studenten: Unser Gehirn ist nach einer durchschlafenen Nacht wesentlich leistungsfähiger als etwa nach einer nächtlichen Sitzung, bei der man sich den Stoff einer Woche in den Kopf gehämmert hat. Allerdings hilft ausgedehntes Schlafen lediglich, Gelerntes besser zu behalten. Neue Inhalte müssen nach wie vor im Wachzustand gepaukt werden.

Macht Winterschlaf dumm?

Wie fast immer ist auch dies eine Frage des Maßes. Zu viel Winterschlaf wirkt sich jedenfalls negativ auf die Gedächtnisleistung von Tieren aus, fanden Wissenschaftler heraus. Tiere, die Winterschlaf halten, erwachen pro Kälteperiode mehrmals aus ihrer Körperstarre und verbrauchen dabei rund 90 Prozent aller Energiereserven, die sie sich für die nahrungsarme Jahreszeit angefressen haben. Welchen Sinn diese kurzen Wachphasen haben, war lange rätselhaft.
Die Beobachtung einer Gruppe von zwölf europäischen Zieseln (*Citellus citellus*), einer Hörnchenart, die wie ihre Murmeltierverwandtschaft Winterschlaf hält, brachte Licht ins Dunkel. Den handzahmen Zieseln wurden während der Sommermonate zwei Aufgaben beigebracht: Sie lernten, durch ein Labyrinth den Weg zum Futterautomaten zu finden und dort einen Hebel zu bedienen, der das Fressen freigibt. Ende September wurde der Unterricht ein letztes Mal wiederholt und dann die Gruppe geteilt. Sechs Ziesel überwinterten in einer Klimakammer, wo sie bald in die Kältestarre, den Topor, sanken. Die anderen sechs blieben bei Zimmertemperatur im Laborstall – sie verzichteten auf ihre winterliche Bettruhe. Ein Lerntest im darauf folgenden Frühjahr ergab: Die Winterschläfer hatten das Erlernte komplett vergessen, die Nichtschläfer beherrschten noch das gesamte Repertoire.
Die Zoologen schließen daraus, dass winterliche Schlafmützen manche Fähigkeiten jeden Sommer neu erwerben müssen. Im Gegensatz zur menschlichen Nachtruhe, in der das Gehirn besonders aktiv ist, kommen «geistige Aktivitäten» bei Winterschläfern beinahe komplett zum Erliegen – elektrische Signale im Gehirn sind kaum noch messbar. Nur in den kurzen Aufwachphasen regt sich heftige Betriebsamkeit im Kopf

der Winter-Verweigerer; sonstige Aktivitäten unterbleiben hingegen. Die Forscher glauben deshalb, dass die Tiere aufwachen, um ihr Hirn vor nachhaltigen Schäden zu bewahren – eine Art geistiges Fitnessprogramm für die faule Jahreszeit.

In Zahlen ausgedrückt: Was man außer Schlafen sonst noch tut

Statistisch gesehen, verschlafen wir ein Drittel unserer Lebenszeit. Und was machen wir mit dem Rest?

77 Jahre liegen vor einem Neugeborenen in Deutschland, wenn es sich aus dem Mutterschoß gekämpft hat. Diese statistisch zugemessene Lebenszeit erscheint einerseits bedrückend begrenzt, andererseits unvorstellbar lang für den, dem sie bevorsteht: Das Phänomen Zeit ist paradox. Nie zuvor lebten Menschen so lange wie heute, kaum jemals zuvor haben sie ihre Existenz mit so vielen Aktivitäten gefüllt. Und doch: Je stärker wir die Zeit fesseln, desto schneller scheint sie zu entkommen.

Dabei erleben wir nur knapp zwei Drittel unserer Lebensspanne bei vollem Bewusstsein. Den Rest, **26,7 Jahre**, verschlafen wir. Ganze Jahre vergehen dabei im Traum: Je nach Alter füllen diese imaginären Abenteuer zwischen 5 und 25 Prozent unserer Schlummerzeit.

Zu eigener Verfügung stehen uns insgesamt etwa **15,6 Jahre**. In dieser mehr oder weniger selbstbestimmten «Freizeit» ließe sich alles Erdenkliche bewirken – zum Beispiel der Bau einer kellergroßen Modelleisenbahn oder die Komposition einer Oper nach der anderen. Doch nach all der Mühsal im Haushalt, die immer noch gut **13,6 Jahre** eines Frauenlebens verschlingt – Männer kommen nur auf 5,4 Jahre –, und nach fast **8,2 Jahren** Männerarbeit fürs tägliche Brot – Frauen sind nur knapp 3,9 Jahre erwerbstätig – ist Neigung und Energie für kreatives Tun offenbar gering. Die meisten greifen in ihrer Freizeit nach der Fernbedienung: Rechnet man die Stunden vor dem Bildschirm zusammen, hat am Ende seines Lebens jeder Deutsche fast **6 Jahre** lang in die Röhre geschaut.

Nur lebensnotwendige Tätigkeiten können der Hingabe an den Flimmerkasten einigermaßen Konkurrenz machen: Mit der Nahrungsauf-

nahme befassen wir uns gut **4,3 Jahre**. Nicht so sehr für ihre Existenz, aber offenbar für das Lebensgefühl vieler Deutscher von Bedeutung ist jene Beschäftigung, die immerhin knapp **4 Jahre** in Anspruch nimmt: unterwegs sein. Allein **2 bis 3 Jahre** sitzt durchschnittlich jeder im Auto, mindestens eines davon zum bloßen Vergnügen. Ein reines ist das allerdings nicht: Ausflüge und Berufsverkehr zusammengenommen, werden wir am Ende unseres Lebens **1,3 Jahre** mit Stop and Go oder totalem Stillstand im Stau verbracht haben, und ein gutes halbes Jahr davon warten wir ausschließlich vor Verkehrsampeln.
Selbst für die wichtigsten sozialen Kontakte verwenden wir weniger als fürs Autofahren. Nur genau **1 Jahr** werden wir bis zu unserem Tod mit Verwandten und Freunden verbracht haben, exakt so lange hat sich ein Deutscher im Schnitt mit Erziehung und Beaufsichtigung seiner Kinder beschäftigt. Das ist immerhin 40 Prozent mehr Zeit, als er im Laufe seines Lebens bei Behörden gelassen hat – nämlich gut **7 Monate**.
Einfach nur gar nichts tun die Deutschen statistisch nachweisbar lediglich etwa **4 Monate** ihres Lebens, ebenso lange übrigens, wie sie am Telefon hängen. Die aufregendsten Augenblicke im Menschenleben hingegen entziehen sich der messbaren Zeit, da niemand sagen kann, wie lange sie schon vorher herbeigesehnt worden sind und wie lange sie danach die Erinnerungen gefangen nehmen. So kommen selbst nach optimistischen Schätzungen weder Mann noch Frau auf mehr als **3 Stunden** höchster sexueller Ekstase im Leben – und doch hat die Vorstellung davon sie vielleicht jahrzehntelang beschäftigt.

KAPITEL 11

Macht und Solidarität

14 Fragen zum Leben in der Gruppe: von roten Teppichen, spuckenden Lamas und biologischen Waffen.

Weshalb ist der rote Teppich rot?

Wahrscheinlich aus Ehrerbietung. Schon im alten Ägypten war Rot eine machtvolle, eine kostbare Farbe. Rote Gewänder trugen die Götter. Im römischen Imperium durfte nur der Kaiser einen Mantel um seine Schultern legen, der mit Hilfe des Drüsensekrets der Pupurschnecke vollständig rot gefärbt war. Ein wahrer Schatz, denn 12 000 Schnecken waren zur Gewinnung von nur 1,5 Gramm Farbstoff notwendig. Da der Besitz von Gewändern dieser Couleur noch im 5. Jahrhundert unserer Zeit Privatleuten strikt untersagt blieb, ehrt man vielleicht hohe Staatsgäste nicht mit grünen, blauen oder weißen, sondern mit roten Teppichbahnen.

Wie unterhalten sich Pflanzen?

Die «Wörter» der Pflanzen heißen Ethylen, Methylsalicylsäure, Jasmonsäure oder Terpene. In Gasform werden sie durch die Spaltöffnungen an der Blattunterseite abgegeben und aufgenommen. Oft reichen geringste Konzentrationen dieser Duftstoffe als chemische Kurznachricht aus. Eine solche Duft-Unterhaltung hat Ilya Raskin von der Rutgers University in New Jersey bei Tabakpflanzen dokumentiert: Eine mit einem Virus infizierte Pflanze sandte mit dem Botenstoff Methylsalicylsäure Warnungen an ihre gesunden Nachbarn. Die Landung eines Gasmole-

küls löste eine Signalkette aus: Die alarmierten Pflanzen bildeten nun ebenfalls Methylsalicylsäure und brachten so ihr «Immunsystem» in Habtachtstellung.
Tabak, dessen Blätter von Schädlingen angeknabbert werden, meldet das der eigenen Wurzel mit der Substanz Jasmonsäure. Daraufhin werden pro Gramm Blattmasse 120 Milligramm Nikotin produziert, was dem Gehalt 100 filterloser Zigaretten entspricht. Das verdirbt Raupen den Appetit.

Woher kommt der Begriff «Snob»? Und wer wurde damit bezeichnet?

Nur dies kann man klar beantworten: Das Wort stammt aus England. Doch wie und wo der Begriff dort geprägt wurde, weiß niemand genau. Zwei Varianten scheinen plausibel: Zum einen war in Namenslisten die Abkürzung «s.nob» gebräuchlich; sie stand für das lateinische sine nobilitate – «ohne Adel». Eine andere These geht davon aus, dass sich die Blaublütler von den Normalsterblichen unterscheiden wollten, indem sie sie als «Snobs» diffamierten. «Snobs» hießen im ausgehenden 18. Jahrhundert Schuhmacher und Flickschuster. Den adligen Studenten von Oxford und Cambridge galten sämtliche bürgerliche Kommilitonen als Snobs.

Warum ist die Bienenwabe sechseckig?

Je mehr Ecken eine zweidimensionale Figur hat, desto besser ist das Verhältnis von Inhalt zu Umfang. Die Bienenlarve hätte somit in einer runden Zelle am meisten Platz. Bei einem Gebilde aus runden Waben würden jedoch Hohlräume zwischen den Zellen entstehen. Das Sechseck hingegen ist die Figur mit der höchsten Eckenzahl, die eine Fläche komplett bedecken kann – optimale Raumausnutzung also bei größtmöglichem Platz für die Larve.

Warum heben Militärs fast überall auf der Welt die Handspitze an die Schläfe, wenn sie grüßen oder salutieren?

Ein Überbleibsel aus Ritterzeiten, das offensichtlich erfolgreich in alle Welt exportiert wurde. Wenn damals zwei Recken in Rüstung zum

Kampfe antraten, pflegten sie in ihrer etwas ungelenken Blechmontur mit der Hand das Visier noch einmal zu lüften. Vor dem Gemetzel wollte man sich der gegenseitigen Hochachtung versichern und dabei gleichzeitig – durch den symbolischen Verlust des eigenen Schutzes – signalisieren, dass man keine niederträchtigen Absichten hegt.
Auch in den Heeren des 17. und 18. Jahrhunderts war das Grüßen durch Hutabnehmen allgemeiner Brauch, «weilen zum bon air von einem Soldaten mit gehöret, dass ein Kerl weiß, den Huht recht abzunehmen ...».
Erst mit dem Aufkommen der Bären- und Grenadiermützen, die ihres Gewichts und ihrer Höhe wegen mit Riemen unter dem Kinn festgehalten werden mussten und sich schlecht abnehmen ließen, wurde eine neue Grußform eingeführt: Zuerst 1769 für die Soldaten der österreichischen Armee, die ihre linke Hand an die Kopfbedeckung führten. Später folgten Preußen, Bayern, Sachsen – allerdings mit der rechten Hand. Dieser militärische Gruß hat sich in allen deutschen Armeen bis in die heutige Zeit erhalten. Mit einer Ausnahme: Während der NS-Zeit reckten die deutschen Soldaten ihre Arme zum «Deutschen Gruß».

Warum spucken Lamas?

Auch in einer Lama-Herde will die Rangordnung erst mal erkämpft sein. Dafür legen sich die Männchen mächtig ins Zeug, treten, beißen – und spucken in Richtung Rivale. Allerdings fliegt beim Spucken nicht nur Speichel, sondern auch ätzender Magensaft und Speisebrei dem Gegner ins Gesicht; Augenschäden können die Folge sein. Also merke: keinem Lama zu nahe treten – oder Schutzbrille tragen!

Wieso sprechen Menschen unterschiedliche Sprachen, und wie viele davon gibt es auf der Welt?

Über die Ursachen streiten Forscher bis heute. Wahrscheinlich haben sich die ersten Sprechlaute vor etwa vier Millionen Jahren entwickelt – seit es Menschen gibt. Damals lebten unsere Vorfahren in Sippen, die wenig Kontakt miteinander hatten. Jede dieser Gruppen hatte ihre eigenen Gesten und Laute, um sich zu verständigen.
Je mehr Umgang diese Gruppen miteinander hatten, desto dringlicher wurde die Entwicklung einer gemeinsamen Sprache. War der Kontakt

ein kriegerischer, dann zwang meist der Sieger dem Besiegten seine Sprache auf, war er friedlich, konnte es zur Entstehung einer neuen Mischsprache oder zur freiwilligen Übernahme der Sprache der erfolgreicheren und wohlhabenderen Gruppe kommen. So sind in der Vergangenheit durch Völkerwanderungen und Kolonialisierung viele neue Sprachen entstanden (das Indogermanische oder etwa die romanischen Sprachen aus dem Lateinischen), allerdings haben die Eroberungsfeldzüge auch zum rapiden Rückgang der kulturellen und damit der sprachlichen Vielfalt geführt. So sind in Australien heute nur noch 20 Sprachen lebendig, 1788, zu Beginn der britischen Kolonialisierung, waren es noch 250.

Das Sprachensterben hat also überwiegend politische Gründe und beschleunigt sich noch im Zeitalter der Globalisierung. Experten schätzen, dass inzwischen alle 14 Tage ein Dialekt oder eine selten gesprochene Sprache ausstirbt. Noch sind weltweit etwa 6 000 Sprachen bekannt, die Hälfte davon wird allerdings von weniger als 10 000 Menschen beherrscht. Allein auf Neuguinea soll es 1 000 Sprachen geben, obwohl das Land nur 4,6 Millionen Einwohner hat. Linguisten vermuten, dass in Zukunft mindestens 100 000 Menschen nötig sein werden, damit eine Sprache überleben kann – das wäre das sichere Aus für die sprachliche Vielfalt auf unserem Globus.

Schon jetzt wird geschätzt, dass jeder zweite Erdbewohner im Alltag eine der neun in der Welt am weitesten verbreiteten Sprachen anwendet. Insbesondere das Englische ist unaufhaltsam auf dem Vormarsch. Ein globalisierter Einheitsbrei ist trotzdem nicht zu befürchten, denn auch diese Weltsprache ist ständigem Wandel ausgesetzt: So unterscheiden sich die Idiome in den USA, Australien, Nigeria oder Jamaika in Vokabular, Grammatik und Aussprache bereits beträchtlich vom «Oxford English». Und am Beispiel des Lateinischen hat sich ja gezeigt, dass die weite Verbreitung einer Sprache zu ihrer Auf- und Ablösung durch neue führen kann.

Wo wird der größte Stinker hoch geschätzt?

Bei den Tüpfelhyänen sorgt ein ausgeprägter Aasgestank für sozialen Aufstieg und Anerkennung im Rudel. Christine Drea, Biologin an der Duke University in Durham, North Carolina, konnte das mit einem Experiment belegen. Die Forscherin bespritzte einige eingefangene Tiere mit einem Pflanzensaft und andere mit einem Extrakt aus verwesendem Fleisch. Danach ließ sie die Hyänen laufen und beobachtete ihre Rückkehr zum Rudel. Diejenigen Tiere, die nach Kadaver rochen, erlebten einen überraschenden Popularitätsboom. Sie wurden plötzlich verehrt, bewundert und umsorgt. Selbst wenn sie zuvor in der sozialen Rangordnung weit unten angesiedelt waren, machten sie nun steil Karriere.

Welches Land birgt die meisten Waffennarren?

Nicht die USA, wie man meinen möchte, sondern die kleine Republik Jemen am Südzipfel der Arabischen Halbinsel. 50 Millionen Kalaschnikows, Karabiner und Pistolen sollen dort kursieren, mehr als drei Schussapparate pro Einwohner! Die Gründe dafür sind, neben dem Bürgerkrieg, vielfältig: Männer tragen Waffen gern als Statussymbol in der Öffentlichkeit. Stämme brauchen sie, um ihr Revier zu sichern. Die Zentralregierung versucht die Situation zu entschärfen: Zumindest in den Städten ist das Waffentragen mittlerweile verboten.

Wo gab es schon eine Feuerwehr, bevor es Menschen gab?

Eine eigene Brandschutzabteilung unterhalten die Ameisen. Droht in Hitzeperioden das Nest am Waldrand auszutrocknen – und mit ihm Brut und Bewohner –, dann schwärmen Arbeiterinnen aus, um winzige Wassertropfen zu sammeln.

Eine Kette wird gebildet, die bis ins Nest reicht. Dann geben die Insekten die Tropfen von Mund zu Mund weiter – und spucken sie am Ende auf die Wände und den Boden im Nestinneren. Nach einigen Stunden ist die Feuchtigkeit wieder hoch genug.

Dank ihrer perfekten Organisation überleben die Ameisen die Zeitläufte schon seit 80 Millionen Jahren.

«Play it again, Sam!» – Wer sagte diesen berühmten Satz im Film «Casablanca»?

Obwohl die meisten darauf schwören würden: Weder Ingrid Bergman noch Humphrey Bogart haben diesen Satz jemals gesprochen. Die einzige – sinngemäße – Aufforderung der weiblichen Hauptdarstellerin an den Barpianisten lautete: «Play it once, Sam, for old times' sake.» Auf Nachfrage des Musikers ließ sie dann eine präzisere Angabe folgen, nämlich: «Play it, Sam. Play ‹As time goes by›.»

Wer kann besser zuhören: Frauen oder Männer?

Dies zumindest steht fest: Amerikanische Neurologen haben in einer Studie ermittelt, dass Männer nur eine Hirnhälfte benutzen, um Sprache zu verstehen. Bei Frauen hingegen sind beide Hirnhälften aktiv. Während ihnen Passagen aus einem Roman vorgelesen wurden, konzentrierte sich die Gehirntätigkeit der Männer auf den linken Schläfenlappen, eine klassische Region der Sprachverarbeitung im Gehirn. Bei Frauen hingegen waren auch rechtshemisphärische Bereiche aktiviert, die üblicherweise mit Musikverarbeitung und räumlichen Vorstellungen verbunden sind.

Womöglich, so die Interpretation der Forscher, konzentrierten sich die Männer eher auf das Wesentliche der Mitteilung; Frauen hingegen entwickelten beim Zuhören mehr Phantasie.

Im Grunde beweisen die Untersuchungen aber nur eines wirklich: dass die Sprachverarbeitung bei Frauen und Männern verschieden ist.

Wird man seltener krank, wenn man viele Freunde hat?

Dass Psyche und körperliche Krankheiten miteinander zu tun haben, ist nichts Neues. Wohl aber der Befund eines amerikanischen Psychologen, wonach Menschen öfter Schnupfen und Husten kriegen, deren soziales Netzwerk zu dünn gesponnen ist. Allerdings kommt es nicht auf die Zahl, sondern auf die Vielfalt der Freunde und Bekanntschaften an. Das Ergebnis lieferte ein Versuch mit insgesamt 276 gesunden Männern und Frauen zwischen 18 und 55 Jahren. Sie mussten zu Protokoll geben, in wie vielen unterschiedlichen Gruppen sie Kontakte pflegten – etwa mit Verwandten, Arbeitskollegen, Vereinsfreunden und Schulkameraden. Dann wurde den Testpersonen ein Erkältungsvirus eingeträufelt. Ergebnis nach fünf Tagen: Frauen und Männer mit vielfältigen sozialen Beziehungen infizierten sich deutlich seltener.

Die Forscher machen einen «feel-good-factor» verantwortlich, der den Hormonhaushalt verändere. Anerkennung in mehreren Umfeldern hebe die Stimmung, baue Selbstvertrauen auf, senke Ängste – und treibe so den Körper an, gegen die Viren zu kämpfen. Fazit: Wer Freunde hat, lebt gesünder.

Welches war die erste biologische Waffe?

Die Christrose (*Helleborus niger*). Sie soll um 600 v. Chr. den Angreifern der Stadt Kirra in Mittelgriechenland zum Sieg verholfen haben. Denn mit den Wurzeln der Pflanze wurde die Trinkwasserversorgung der Stadt vergiftet. Ein schwerer Durchfall zwang die gepeinigten Verteidiger zur Aufgabe.

In Zahlen ausgedrückt: Wer unter den Menschen das Sagen hat

In jeder sozialen Gruppe sagt einer, wo es langgeht. Manches Regierungsoberhaupt in der Geschichte genoss diese Macht nur für Momente. Andere zeitgenössische Führer kleben schon seit Jahrzehnten am Chefsessel.

Jahrzehntelang verkörperte er den Staat, machte sich mit Geld und Intrigen den Adel untertan und feierte dabei stets sich selbst: der «Sonnenkönig» Ludwig XIV., **72** Jahre lang Herrscher über Frankreich. Für keinen Potentaten ist eine längere Regierungszeit verbürgt – von 1643 bis 1715. Auch nicht für den legendären ägyptischen Pharao Ramses II., der 1213 v. Chr. seinen Thron räumte, nach **66** Jahren.
Im Gegensatz zu vielen männlichen Kollegen hat sich Queen Victoria weder durch Verschwendung noch durch übermäßige Selbstdarstellung hervorgetan, aber ausdauernd auf dem Thron war auch sie: Sie blieb länger als jede andere Frau in Amt und Würden, stand von 1837 bis 1901 immerhin fast **64** Jahre für Kontinuität in der britischen Monarchie.
Im zaristischen Russland prägten Iwan der Schreckliche und Peter der Große halbe Jahrhunderte. Großfürst Iwan IV. begann seine knapp **51**-jährige Regierungszeit 1533 im Alter von drei Jahren. Zum ersten Zaren von Russland wurde er 1547. Sein Nachfolger, Peter I., reorganisierte in den **43** Jahren seiner Herrschaft, 1682 bis 1725, den Staatsapparat und führte den julianischen Kalender ein.

Der kubanische Revolutionär Fidel Castro könnte die beiden Zaren noch übertreffen. Er ist seit 1959, also 44 Jahre, an der Macht – und damit Rekordhalter unter den ungekrönten Herrschern.
Lange Regierungszeiten sind die Spezialität jener, die sich um Legitimation nicht zu scheren hatten. Francisco Franco Bahamonde etwa wurde 1936 durch Militärputsch und Bürgerkrieg zum Staatsoberhaupt Spaniens: für **39** Regierungsjahre, in denen er jegliche Opposition und freie Parteien unterdrückte. Fast ebenso lang herrschte der wegen seiner Grausamkeit berüchtigte lahme Timur, ein Mongole aus Samarkand; ab 1370 unterwarf er Zentralasien – seine Spezialität in **35**-jähriger Tyrannei waren Schädelpyramiden.
Mao Zedong zog zwar nicht mordend umher, doch in **27** Jahren als «Großer Vorsitzender» der Volksrepublik China starben nach Schätzungen 20 bis 45 Millionen Menschen; viele als «Klassenfeinde» während der Kulturrevolution. Josef Stalin stand dem Chinesen nur wenig nach: In den **24** Jahren von 1929 bis 1953 soll Stalin für mindestens 10 bis 20 Millionen Tote der UdSSR verantwortlich gewesen sein.
Demokratisch gewählte Oberhäupter tun sich naturgemäß mit langen Regierungszeiten etwas schwerer. Die **16** Jahre Helmut Kohls auf dem Kanzlersessel sind schon eine Ausnahme, die **14** Jahre seines Freundes François Mitterrand als Frankreichs Staatspräsident ebenso. Von 1933 an verbrachte der 32. amerikanische Präsident Franklin D. Roosevelt **12** Jahre im Weißen Haus. Zu Beginn der vierten Amtsperiode verstarb Roosevelt; seither ist im Oval Office nach der zweiten Amtsperiode Schluss.
Von der unbegrenzten Möglichkeit zur Wiederwahl profitierte die Eiserne Lady, Margaret Thatcher. Die erste Premierministerin Großbritanniens führte über **11** Jahre die Regierungsgeschäfte. Tendenz zum schnelleren Machtverfall auch bei einigen der berüchtigtsten Despoten: Idi Amin konnte in Uganda von 1971 an **8** Jahre morden, foltern und sich bereichern. In fast **4** Jahren Terrorregime fielen Pol Pot in Kambodscha zwei Millionen Menschen zum Opfer. Amin und Pol Pot hielten sich damit immerhin länger als der Vater des modernen Terrors: Nur **1** Jahr, 1793–1794, währte die Schreckensherrschaft von Maximilien de Robespierre. Lang genug, um Zehntausende Menschen mit der Guillotine hinrichten zu lassen – am Ende dann rollte sein eigener Kopf.

Und die Rekordhalter der Kürze? Nur ein **1/2** Jahr hielt sich der 20. Präsident der USA, James A. Garfield. Im September 1881 starb er an den Folgen eines Attentats. Noch weniger Glück hatte einer seiner Vorgänger: Der neunte amerikanische Präsident William H. Harrison holte sich bei seinem Amtsantritt im März 1841 eine Lungenentzündung und verschied **1/12** Jahr später.
Einem anderen war noch kürzere Machtfülle beschieden: Kronprinz Luis Filipe von Portugal wurde 1908 zusammen mit dem König Opfer eines Attentats, starb aber angeblich 20 Minuten nach seinem Vater – regierte also mehr theoretisch als praktisch nicht einmal **1/365** Jahr.

KAPITEL 12

Warmes Herz und kalte Füße

14 Fragen zu extremen Temperaturen:
von warmen Duschen, zirpenden Thermometern
und brennendem Eis.

Warum wird einem kalt, wenn man nass aus der warmen Dusche steigt?

Weil das Duschwasser auf der warmen Haut verdunstet und die dabei entstehende «Verdunstungskälte» dem Körper Wärme entzieht.

Warum frieren Pinguine nicht mit den Füßen am Eis fest?

Biologen haben herausgefunden, dass Pinguine «lebende Thermoskannen» sind. In der Leibesmitte befinden sich die Organe, isoliert und gewärmt von Fett und Federn. Aber was ist mit den Füßen?
Nun, das Blut, welches das Pinguinherz in die Füße pumpt, wird in den Beinen abgekühlt. Die Füße haben also immer Umgebungstemperatur, und dem Körper geht dennoch keine Wärme verloren. So wird das Eis nicht angeschmolzen und gefriert dann auch nicht wieder – was uns manchmal passiert, wenn wir mit den Lippen an einem Speiseeis kleben bleiben. Erst wenn das Blut eiskalt wieder in Richtung Herz fließt, wird es über viele Äderchen verteilt aufgeheizt und kommt im Herzen körperwarm an. Wissenschaftler nennen dies das «Gegenstromprinzip».
Übrigens hat es längst nicht alle Pinguine ins ewige Eis verschlagen:

Von den insgesamt 18 Arten auf der Welt tummeln sich 12 in grünen, mitunter tropischen Gefilden, etwa an der warmen Westküste Südamerikas, in Südaustralien und Neuseeland.

Sterben die Fische, wenn ein Blitz ins Wasser einschlägt?

Nur jene, die sich in unmittelbarer Nähe der Einschlagstelle aufhalten. Trifft elektrische Ladung auf die Wasseroberfläche, sucht sich der Strom den kürzesten Weg zum Seegrund oder zum Ufer. Hitze und Stromdichte nehmen dabei mit der Entfernung von der Einschlagstelle rapide ab.

Das Gleiche gilt natürlich auch für badende Menschen. Wenn ein Gewitter im Anzug ist, empfiehlt es sich, das Schwimmbecken schleunigst zu verlassen.

Wieso werden Leuchtkäfer beim Leuchten nicht heiß?

In asiatischen Mangrovenwäldern versammeln sich nachts Abertausende Leuchtkäfermännchen zur Balz. Zunächst blinken sie wild durcheinander. Doch bald schon stimmen sie ihre Locksignale ab. Schließlich gleicht die Mangrove einem blinkenden Weihnachtsbaum. Tiere einer Art sitzen jeweils auf einem Baum und morsen im Rhythmus «Mann sucht Frau».

Das Bioleuchten entsteht bei einer chemischen Reaktion, bei der Luciferin (lat. *lucifer* = Licht bringend) in energiereiches *Oxiluciferin* verwandelt wird. Dieses strahlt bis zu 98 Prozent seiner Energie als Licht ab, nur wenig geht als Wärme verloren. Deshalb werden Glühwürmchen beim Glühen nicht heiß – ganz im Gegenteil zu einer Glühbirne, die 90 Prozent ihrer Energie als Hitze abgibt.

Wie kalt ist es nachts auf dem Mond?

Kein anderer Himmelskörper ist so intensiv erforscht wie der Erdtrabant. Seit den Apollo-Missionen, die 1972 eingestellt worden sind, lagern hernieden sogar 382 Kilogramm Mondgestein in den Labors.

Auch die Temperaturen auf dem Mond sind bekannt: Tagsüber wurden 130 Grad Celsius gemessen, nachts minus 160 Grad.

Sollte dereinst der Raumfahrttourismus Wirklichkeit werden, empfiehlt sich für Mondfahrer also, Badehose wie dicke Kleidung im Gepäck zu haben.

Können Diamanten verbrennen?

Auch wenn sie wie Graphit aus Kohlenstoff bestehen, sind Diamanten unter Normalbedingungen nicht brennbar. Durch die sehr stabile Anordnung ihrer Kohlenstoffatome im Kristall sind diese Edelsteine gegen thermische Einflüsse sehr widerstandsfähig. Dennoch gilt nicht uneingeschränkt der Werbeslogan: «Ein Diamant ist unvergänglich.» Denn oberhalb von 800 Grad Celsius, etwa in einem Sauerstoffgebläse, brennen auch größere Diamanten.
Diamantpulver verbrennt bereits bei niedrigerer Temperatur zu Kohlendioxid.

Welcher Kontinent besitzt keine Gletscher?

Zusammen mit den Eiskappen Grönlands sowie sämtlicher Gebirge speichern Gletscher rund zwei Drittel der Süßwasser-Vorräte der Erde; die Antarktis allein birgt davon über 85 Prozent. Insgesamt bedecken Eismassen rund zehn Prozent der Landfläche unseres Planeten, auf allen Kontinenten – außer Australien.
Nach Analysen des World-Watch-Instituts schmelzen die Gletscher weltweit ab. Seit 1850 hat etwa die Fläche der Alpengletscher schon um 35 bis 40 Prozent abgenommen. Einige Wissenschaftler rechnen sogar damit, dass bis 2100 rund die Hälfte der Gebirgseiskappen verschwunden sein werden.

Wie viel Energie strahlt die Sonne ab?

Rund 150 Millionen Kilometer trennen die Erde von der Sonne. Wer im Hochsommer ordentlich schwitzt, mag sich unschwer vorstellen können, wie viel heißer es wohl auf dem so fernen Planeten sein mag.
Die Energie des Sonnenlichtes, das uns nach der weiten Reise durchs All erreicht, beträgt aufs Jahr gerechnet $7{,}1 \times 10^{17}$ Kilowattstunden (kWh). Das ist aber nur ein Tausendfünfhundertstel dessen, was die Sonne in nur einer Sekunde erzeugt, nämlich $1{,}1 \times 10^{20}$ kWh. Und wenn die Sonne, wie von Astronomen erwartet, in rund zehn Milliarden Jahren

explodiert, wird sie auf einen Schlag noch einmal so viel Energie abstrahlen wie während ihrer gesamten Lebensdauer von 14,6 Milliarden Jahren.
Eine Supernova – wie man derartige Explosionen nennt – stößt $2{,}8 \times 10^{37}$ kWh aus, oder anders gesagt: 28 Billiarden Trillionen Kilowattstunden. Sie würden genügen, alle deutschen Haushalte rund 20 Billiarden Sonnenleben lang mit elektrischer Energie zu versorgen. Aber darüber werden wir uns dann wohl keine Gedanken mehr machen müssen.

Wie lässt sich ohne technische Hilfsmittel exakt die Temperatur bestimmen?

Wir empfehlen unseren Lesern die Baumgrille (*Oecanthus niveus*); als «lebendiges Thermometer» ist sie unschlagbar. Mit mathematischer Präzision verändert sich der Zirprhythmus des Insektes – je nach aktueller Temperatur. Hintergrund dieses Phänomens ist die Tatsache, dass die wechselwarme Grille ihre Körperwärme auf die Umgebungstemperatur abstimmt. Kälte verlangsamt ihre Bewegungen, Wärme hingegen beschleunigt sie.
Der Amerikaner Amos E. Dolbear (1837–1910), Professor für Physik und Astronomie, entdeckte die erstaunliche Fähigkeit des Insektes als Erster und hielt folgende Formel fest: $T = 50 + [(n - 40)/4]$. T bezeichnet die Temperatur, n die Anzahl der Zirplaute pro Minute. Zählt man die Zirplaute pro Minute, zieht 40 ab, teilt das Ergebnis durch vier und zählt 50 hinzu, erhält man die exakte Angabe der aktuellen Temperatur in Fahrenheit.

Wie lässt sich eigentlich die «gefühlte Temperatur» messen?

Man nehme die halbe Windgeschwindigkeit (km/h), setze ein Minuszeichen davor und addiere diesen Wert zur aktuellen Lufttemperatur (Grad in Celsius). Zum Beispiel so: Gegeben sind eine Windgeschwindigkeit von 30 km/h und eine Lufttemperatur von minus zehn Grad Celsius. Die Rechnung: negative halbe Windgeschwindigkeit (minus 15) plus Lufttemperatur (minus zehn) ergibt eine gefühlte Temperatur von minus 25 Grad Celsius. Brrrrr!

Gibt es in Europa Sandwüsten?

Eine einzige: die *Desierto de Tabernas* in der andalusischen Provinz Almeria, der heißesten und trockensten Region Europas. Mehr als 3000 Sonnenstunden pro Jahr dörren den ausgebleichten Mergelboden. Es fallen weniger als 200 Millimeter Niederschlag; der Wind ist im Sommer 40 Grad heiß.

Offiziell ist die Wüste nur 116 Quadratkilometer groß. Doch längst sind weite Teile des östlichen Andalusiens verödet – und bilden eine Art Vorposten der «europäischen Sahara».

Die Sahara in Nordafrika ist die größte Wüste der Erde. Ihre Breite beträgt mehr als 5000 Kilometer, die Längenausdehnung von Nord nach Süd zwischen 300 und mehr als 2000 Kilometer. Flächenmäßig ist die Sahara etwa so groß wie die USA.

Wo auf der Erde wurden die bisher größten Temperaturunterschiede gemessen?

Im sibirischen Jakutien. Nirgendwo auf unserem Planeten gibt es größere Differenzen zwischen Sommerhitze und Winterkälte als im Dreieck zwischen Jakutsk, Oimjakon und Werchojansk. Von diesen Orten hält Werchojansk den inoffiziellen Weltrekord. Dort kann die Quecksilbersäule im Sommer 37 Grad Celsius und im Winter minus 68 Grad anzeigen. Macht eine Temperaturschwankung von 105 Grad!

Warum bleiben die Insassen von Flugzeugen oder Autos im Allgemeinen unversehrt, wenn ein Blitz einschlägt?

Fahrzeuge wie Flugzeuge oder Autos bilden einen Faraday'schen Käfig: Der Strom eines Blitzes durchdringt ihre Metallwände nicht, sondern fließt nur in der äußeren Metallschicht. Bei Flugzeugen, die gar nicht so selten von Blitzen getroffen werden, verhindert zudem eine spezielle «Härtung», dass der Strom durch Öffnungen an der Außenhülle in die Maschine eindringt und dort die Elektronik zerstört oder die Tanks explodieren lässt.

Kann Eis brennen?

Es gibt tatsächlich brennendes Eis: Methanhydrat heißt es. Der eisartige Stoff besteht nicht ausschließlich aus Wasser; hinzu kommt Methan, eine Kohlenstoffverbindung, die Hauptbestandteil von Erdgas ist. Das ungewöhnliche Eis bildet sich schnell bei tiefen Temperaturen und hohem Druck, sofern gleichzeitig reichlich Methan – aus dem Abbau organischer Substanz durch Bakterien – vorhanden ist. In «Käfigverbindungen», den Clathraten, halten Wassermoleküle die hoch verdichteten Kohlenstoffverbindungen gefangen. Ein einziger Kubikmeter der schneeartigen Masse speichert dabei bis zu 164 Kubikmeter Methan. Dank dieses hohen Gasgehalts brennt das kuriose Eis.

Wissenschaftler entdeckten die schmutzig grauen Kristalle erstmals in den 1930er Jahren, denn sie verstopften bei winterlichen Temperaturen Gaspipelines. In den 1960er Jahren fanden Forscher Methanhydrat in den Permafrostgebieten Sibiriens und Nordamerikas. Dass der energiereiche Stoff auch auf dem Meeresgrund vorkommen müsste, ergaben seismologische Untersuchungen vor der Südostküste der USA in den 1970er Jahren. Tatsächlich förderte das Tiefseebohrschiff «Glomar Challenger» dort 1980 das erste kleine Stück Methanhydrat zutage.

Heute vermuten Wissenschaftler auf dem Meeresgrund gigantische Vorkommen des frostigen Gasspeichers. Nach groben Schätzungen ist in marinem Methanhydrat doppelt so viel Kohlenstoff gebunden wie in allen bekannten Erdgas-, Erdöl- und Kohlevorkommen zusammen. Seit einigen Jahren wird Methanhydrat daher auch als Energiequelle der Zukunft gehandelt.

Der wertvolle Stoff könnte sich jedoch als Unheilsbringer erweisen. Das Verbrennen von Methan setzt zwar wesentlich weniger Kohlendioxid (CO_2) frei als etwa die Verfeuerung von Öl oder Kohle. Doch der Stoff selbst ist ein viel gefährlicheres Treibhausgas als CO_2. Jedes Molekül der Kohlenstoffverbindung bewirkt einen 30-mal stärkeren Treibhauseffekt als ein Molekül Kohlendioxid. Die begehrte Kohlenstoffverbindung müsste aus den Tiefen des Meeres gewonnen werden, ohne dass sie dabei in die Atmosphäre gelangt. Bisher ist es Wissenschaftlern aber noch nicht gelungen, eine solche Methode zu entwickeln.

In Zahlen ausgedrückt:
Wie man extreme Temperaturen überlebt

Ob heiß, ob kalt – Organismen haben viele Wege gefunden, krassen Temperaturen zu trotzen.

Selbst unter höllischen Bedingungen gibt sich das Leben nicht geschlagen. Mehrere tausend Meter unter dem Meeresspiegel gedeiht an den Flanken haushoher Schlote, die bis **350** Grad Celsius heißes, mineralienreiches Wasser ausspucken, der Hitzeweltrekordler *Pyrolobus fumarii* (zu deutsch: «Feuerlappen des Kamins»). Die urzeitliche Mikrobe vermehrt sich noch bei **113** Grad Celsius – das Wasser würde kochen, wenn es in der Tiefe nicht unter enormem Druck stünde.

Die Hitzetoleranz höherer Organismen ist um einiges geringer. Der rund 15 Zentimeter lange Pompejiwurm, der ebenfalls an den heißen Tiefsee-Schloten haust, erträgt kurzzeitig **105** Grad Celsius. Im Überlebenskampf ist *Alvinella pompejana* wahrscheinlich auf Bakterien angewiesen, die ihm hitzeresistente Enzyme liefern.

Ohne Helfer kommen Blattfußkrebse der Gattung *Triops* aus: Ihre Eier überleben in einem inaktiven Ruhestadium im heißen Wüstenboden und können sogar auf **103** Grad Celsius erhitzt werden. Bis zu **60** Grad Celsius kann sich das Gewebe von Wüstenpflanzen (Sukkulenten) aufheizen, ohne Schaden zu nehmen. Dass ihre Gewebetemperatur darüber hinaus steigt, verhindern die Sukkulenten durch Licht reflektierende Wachse auf der Oberfläche und durch Schatten spendende Dornen.

Unter den Säugetieren ist das Dromedar ein Meister in der Bewältigung von Wärme. Es kann seine Körpertemperatur bis auf **42** Grad Celsius ansteigen lassen. Ein wirkungsvoller Wärmetauscher in der Nase sorgt dafür, dass dabei die besonders wärmeempfindlichen Gehirnzellen unversehrt bleiben: Venöses Blut, das in der Nasenschleimhaut durch Verdunsten von Wasser beim Ausatmen abgekühlt wird, kühlt nach dem Gegenstromprinzip seinerseits arterielles Blut, das zum Gehirn fließt.

Noch erfolgreicher als Wärmespezialisten haben Kälteexperten den Planeten Erde kolonisiert. Denn etwa 80 Prozent der Biosphäre sind keine Glutöfen, sondern haben permanent eine Temperatur unter **5** Grad Celsius. Für das Leben im Eiswasser sind antarktische Fische mit einem fabelhaften Frostschutzmechanismus gerüstet: Sie produzieren in der Leber einen Cocktail spezieller Eiweiß-Zucker-Verbindungen. Diese so genannten Glykopeptide heften sich an die Oberfläche mikroskopischer Eiskristalle und verhindern deren weiteres Wachstum. Die molekulare Gefrierbremse funktioniert bis **–2,7** Grad Celsius.

In der Antarktis vorkommende Springschwänze und Milben trotzen auch noch **–35** Grad Celsius, indem sie Alkohole wie Glyzerin und Glykol oder Zucker herstellen. Wie Streusalz auf der Straße senken diese Stoffe den Gefrierpunkt der Körperflüssigkeit, sodass sich keine zerstörerischen Eiskristalle bilden.

Unter den höheren Organismen ist unbestritten der Kaiserpinguin das kälteunempfindlichste Tier im Eis. Er brütet mitten im antarktischen Winter bei bis zu **–50** Grad Celsius – einer Temperatur, die sich bei schneidendem Wind sogar wie **–76** Grad Celsius anfühlt. Trotz der widrigen Verhältnisse hält der Vogel dank seiner dicken Fettschicht und seines dichten Federkleids eine Körpertemperatur von etwa 39 Grad Celsius.

Den Minusrekord im Tierreich halten jedoch Bärtierchen, weniger als einen Millimeter große Geschöpfe mit Stummelbeinen und tönnchenförmigem Körper. Sie können in eine Trockenstarre fallen, bei der sich der Wassergehalt des Organismus von 86 auf weniger als drei Prozent reduziert. In diesem Stadium überleben sie 20 Monate in flüssiger Luft bei **–194** Grad Celsius und sogar acht Stunden in flüssigem Helium bei **–269** Grad Celsius.

KAPITEL 13

Lust und Frust der Arterhaltung

11 Fragen zum Thema Fortpflanzung: von viereckigen Eiern, schwulen Seekühen und sadistischen Käfern.

Warum legen Hühner dauernd Eier?

Im Grunde treiben wir Menschen mit dem Bruttrieb des Geflügels ein mieses Spiel: Weil die frischen Eier täglich entnommen werden, produziert das Huhn unablässig Nachschub – in der Hoffnung, das Gelege endlich einmal bebrüten zu können. Gewöhnlich hält ein Huhn diesen Stress 14 Monate lang aus. Dann streikt es und legt keine Eier mehr. Darf der Vogel sich erholen, folgt später noch eine zweite Legeperiode. Doch in Zeiten der Massentierhaltung erwartet erschöpfte Hühner zumeist die Bratröhre und der Suppentopf.

Lässt sich mit Klee eine Schwangerschaft verhüten?

Die «grüne Pille» funktioniert – bislang nur bei Kühen. Mit dem Trick chemischer Empfängnisverhütung versucht die Futterpflanze Klee, sich ihre ärgsten Fressfeinde vom Hals zu halten. In schlechten Wachstumsphasen bildet Klee vermehrt so genannte Isoflavonoide.
Die Wirkung dieser östrogenartigen Substanzen: Sie führen zu Scheinschwangerschaften bei Kühen und verhindern die Geburt einer neuen Rindergeneration. Die «Pille für die Kuh» gibt der Kleepflanze Zeit, sich zu erholen.

Derartige Stoffe – zusammengefasst als Phytoöstrogene bezeichnet – finden sich übrigens auch in menschlicher Nahrung, insbesondere in Sojabohnen, aber auch im Bierbestandteil Hopfen. Allerdings ist bei Menschen nie beobachtet worden, dass etwa in Regionen mit üppigem Sojakonsum weniger Kinder geboren werden.
Dass die verhütende Wirkung ausbleibt, könnte am Bakterium *Eubacterium ramulus* liegen, das sich im menschlichen Darm in großen Mengen tummelt. Es ist offenbar in der Lage, die Isoflavonoide in unschädliche Moleküle umzubauen und so die östrogene Wirkung zu beeinflussen. Isoflavonoidreiche Pflanzennahrung scheint zudem bei Menschen das Risiko zu senken, an bestimmten Krebsformen wie Brust- und Prostatakrebs zu erkranken.

Warum stechen Mücken ausgerechnet Menschen?
Die Stechmücken (*Diptera Culicidae*) haben es auf unser Blut abgesehen – allerdings nur die Weibchen unter ihnen. Männchen nehmen mit ihren rückgebildeten Stechrüsseln lediglich Pflanzensäfte und Wasser auf. Mückenweibchen aber benötigen die Proteine, die im Blut enthalten sind, für die Entwicklung ihrer Eier. Um an den kostbaren Saft zu kommen, bedienen sich die Blutsauger eines hochsensiblen Riechapparates, mit dem sie ihre Opfer über Entfernungen von Kilometern aufspüren können.
Sinnesantennen, an deren Wurzeln sich bis zu 1000 Riechzellen befinden, sind ihnen dabei behilflich. Die Zellen reagieren auf ein äußerst kompliziertes Muster chemischer Reize, die der Mensch aussendet. Und dabei ist es wahr, dass manche Menschen für Mücken attraktiver sind als andere. «Käsefüße» und angeblich «süßes Blut» spielen allerdings keine Rolle. Wissenschaftler haben herausgefunden, dass die Plagegeister zum Beispiel hohe Cholesterinwerte ausgesprochen anziehend finden. Auch die Konzentration von Milch- und Fettsäuren, die der Mensch durch seinen Schweiß absondert, spielt eine Rolle. Die Forscher vermuten, dass Mückenweibchen es auf jene Stoffe abgesehen haben, die sie zum Eierlegen brauchen, aber selbst nicht produzieren können (z. B. Cholesterin, Vitamin B).
Das gierige Insekt reagiert bereits auf die stoßweise Konzentrationserhöhung von Kohlendioxid. Denn regelmäßiges Atmen verrät einen le-

bendigen Wirt. Gleich nach der Landung bohrt die Mücke ihre Stechborsten senkrecht in die Haut und zapft mit dem elastischen Saugrüssel eine Kapillare an. Damit das Blut auch fließt, injiziert sie gerinnungshemmenden Speichel in die Wunde. Dadurch wird Histamin freigesetzt. Die sowohl im Insektengift wie im menschlichen Körper vorhandene Eiweißsubstanz ist verantwortlich für jene juckenden Quaddeln, die unser Leben mit den Mücken so beschwerlich machen.
Übrigens: Stechmücken sind nicht nur scharf auf Menschen. Sie stehen auf Warmblütler (Säuger und Vögel), machen sich aber auch an Amphibien und Reptilien heran.

Wo regiert nackte Gewalt das tierische Liebesspiel?

Die Samenkäfer (*Callosobruchus maculatus*) praktizieren ein erschreckend brutales Begattungsritual. Bei der Kopulation verletzen die stark gehärteten Stacheln des keulenartigen männlichen Gliedes die Geschlechtsorgane des Samenkäfer-Weibchens so sehr, dass es deutlich früher stirbt als «jungfräuliche» Käfer.
Noch dramatischer sind die Folgen des Verkehrs für das Weibchen, wenn es mehrfach zum Liebesakt gezwungen wird. Amerikanische Forscher fanden heraus, dass die Lebenserwartung dieser Käferfrauen besonders niedrig ist. Es ist also eine Überlebensfrage für das weibliche Tier, ob es ihm gelingt, die ungebetenen Freier auf Abstand zu halten oder zumindest den Geschlechtsakt so kurz wie irgend möglich zu gestalten. Die einzige Chance für die Damen: kräftige Tritte mit den Hinterbeinen in den Leib des zudringlichen Partners.
Die Wissenschaftler fragten sich: Welchen Sinn hat die Gewalt? Und sie stellten fest, dass der brutale Sex den Bruterfolg fördert. Denn während des Geschlechtsverkehrs injiziert das Männchen neben einer großen Samenmenge chemische Substanzen, die durch die Wunden direkt ins Blut gelangen. Diese Stoffe bewirken hormonelle Veränderungen bei den Weibchen; sie führen zu einer höheren Rate bei der Eiablage.

Warum leidet im Regenwald niemand an Heuschnupfen?
Weil kaum Pollen herumfliegen. Denn die einzelnen Exemplare einer Pflanzenart stehen oft so weit voneinander entfernt, dass eine Windbestäubung nicht sehr erfolgreich wäre. Also haben Regenwaldpflanzen andere Methoden zur Sicherung ihrer Fortpflanzung gefunden. Viele haben große Blüten in schreienden Farben, attraktive Düfte und süßen Nektar entwickelt, um Tiere anzulocken. Im Gegenzug nehmen Insekten, Vögel, Fledermäuse und andere kleine Säuger Pollen mit und verbreiten sie.

Während der Belagerung durch die Franzosen im Jahre 1495 brach in Neapel eine bis dahin unbekannte Seuche aus. Von den Italienern wurde sie «die französische», von den Franzosen «neapolitanische Krankheit» genannt. Gut 30 Jahre später gab Girolamo Fracastoro ihr in einem Gedicht den Namen eines Hirten. Wie hieß der Hirte?
Syphilus.

Kann Untreue tödlich sein?
Ja, zumindest für die Weibchen der meisten Nashornvogel-Arten. Bleibt ihr Partner während der Brutzeit bei einer Geliebten hängen, sind sie dem Tode geweiht. Folglich prüfen Nashornvogel-Weibchen ihren Auserwählten sorgfältig, ehe sie sich «ewig» binden. Dazu zieht sich etwa die Monteiro-Tokos-Dame (*Tockus monteiri*) in eine Baumhöhle oder Felsspalte zurück und dichtet den Zugang ab.
Als Rohstoff zum Verschließen des Nests schafft das Männchen dieser afrikanischen Nashornvogel-Art Tausendfüßer herbei: Zerkleinert, mit Lehm und Kot vermengt, entsteht aus dem chitin- und feuchtigkeitshaltigen Panzern ein vorzüglicher «Zement», mit dem das Weibchen ihren Brutplatz bis auf einen Spalt versiegelt. Eine «Festung» ist entstanden, die Mutter und Nachwuchs vor Feinden wie Mardern, Wildkatzen, Schlangen und Waranen schützen soll. Ein von den Tausendfüßern abgesondertes Sekret verhindert zudem Infektionen und Pilzbewuchs in der Höhle.

3 bis 15 Tage testet nun das eingemauerte Weibchen ihren Gatten. Die Sicherheit des Brutplatzes und die Zuverlässigkeit des Versorgers werden gründlich durchgecheckt, vermuten Forscher. Geht er fremd, pickt sich das Weibchen wieder frei. Hält sie ihn jedoch für treu, weil er in dieser Zeit stets Futter durch den schmalen Spalt reinreichte, beginnt sie mit der Eiablage. Sobald das erste Ei gelegt ist, setzt bei dem Weibchen eine Totalmauser ein, die es flugunfähig macht. Ohne die Fürsorge des Vaters, der unermüdlich Futter heranschaffen muss, würde sie jetzt auf ihren Eiern verhungern.

Die Abhängigkeit der Weibchen und der immense Arbeitsaufwand der Männchen während der Brutpflege haben offensichtlich zu monogamen Lebensformen unter Nashornvögeln geführt. So deckten Vaterschaftsanalysen von Forschern an 38 Monteiro-Tokos-Pärchen keinen einzigen Fall von Untreue auf.

Welche Tiere legen eckige Eier?

Aus eckigen Eiern schlüpft die Brut von Katzenhaien und Glatt- sowie Nagelrochen, die hierzulande in der Nordsee vorkommen. Glatt- und Nagelrochen sind wie alle Echten Rochen Eier legend. Strandgänger finden gelegentlich deren leere Eihüllen, die so genannten Nixentaschen.

Seltener wird das leere Ei eines Katzenhais angeschwemmt. Es ist kissenförmig, viereckig und meist bräunlich gefärbt. An jeder der vier Ecken befindet sich ein Rankenfortsatz, mit dem das Ei an Pflanzen oder Steinen verankert wird. Die Hülle ist aus Keratin, einer hornigen, lederartigen Substanz.

Die Eier von Katzenhaien und Echten Rochen bezeichnen Wissenschaftler als recht- oder viereckig. Das mag etwas übertrieben sein; «eiförmig» jedenfalls sind sie nicht.

Am 20. April hat Hamstermutter «Petra» nach 16-tägiger Schwangerschaft Zehnlinge geboren: drei Männchen und sieben Weibchen. Bereits sechs Wochen nach ihrer Geburt sind die Hamsterweibchen geschlechtsreif und können Nachwuchs zur Welt bringen. Wie groß wäre – unter Laborbedingungen und ungeachtet der Jahreszeit – die Nachkommenschaft «Petras» bis zum 31. Dezember?

Wir gehen davon aus, dass Hamstermütter und Hamstertöchter jeweils sechs Wochen nach der Geburt schwanger werden und die Schwangerschaft 16 Tage dauert. Unter diesen Voraussetzungen hat «Petra» am Ende des Jahres 46 810 Nachkommen. Bleibt das Verhältnis von Männchen zu Weibchen konstant, könnte es in der Familie von Urmutter «Petra» einen problematischen Damenüberschuss geben: 32 767 Hamsterfrauen stünden lediglich 14 043 Hamstermännern gegenüber.

Gibt es schwule Tiere?

Die meisten Tiere verhalten sich weder ausschließlich hetero- noch homosexuell. Das Spektrum der Beziehungen reicht von gelegentlichen Seitensprüngen zum gleichen Geschlecht bis zu fast lebenslangen Bindungen. Gleichgeschlechtliche Paare beteiligen sich zum Beispiel an der Aufzucht von Jungen: «Schwule» Schwarze Schwäne stibitzen anderen Paaren die Eier; männliche Kapuzen-Waldsänger-Paare adoptieren verlassene Küken, und «lesbische» Möwen lassen sich zwar von einem Möwen-Mann befruchten, wenden sich danach aber wieder der Auserwählten zu und brüten mit ihr gemeinsam.

Bei mehr als 450 Spezies haben Forscher homosexuelle Verhaltensweisen beobachtet. Die Männer der *Manatis*, gemütlich wirkender Seekühe in der Karibik, vergnügen sich in Gruppenorgien; männliche Vampirfledermäuse hängen Bauch an Bauch und belecken einander; Walrossbullen masturbieren nicht nur regelmäßig allein, sondern befriedigen sich beim Treiben im flachen Wasser auch gegenseitig.

Stichhaltige Erklärungen für die Homosexualität im Tierreich konnte bislang niemand liefern. So kann man auch nur mutmaßen, warum die Bonobos – neben den Schimpansen die nächsten Verwandten des Menschen – täglich ausschweifenden Sex praktizieren. Hier treiben es

Männer mit Männern, Männer mit Frauen, Frauen mit Frauen, Männer mit Kindern und Frauen mit Kindern. Auf diese Weise, so die Theorie der Verhaltensforscher, würden die Menschenaffen Spannungen innerhalb ihrer Gruppe abbauen – Frieden durch Sex also?

Warum bringt ein Hase die Ostereier?

In «Heidenzeiten» war der Hase das heilige Tier der germanischen Frühlingsgöttin Ostara, auf die auch der Name des Osterfestes zurückgeht. Ihr huldigte man beim Frühlingsfest der Tagundnachtgleiche. Die christliche Kirche hat ihr wichtigstes Fest, die Auferstehung Christi, durch das Konzil von Nizäa im Jahre 325 mit dem Frühlingsfest des germanischen Lichtkultes zusammengelegt.

Das Ei wiederum gilt seit jeher den Menschen als Symbol für die Entstehung alles Lebendigen, ist mithin Sinnbild des Frühlings. Da die Eier zu Ostern Wunderwirkung entfalten sollten, stammten sie im Volksglauben natürlich nicht von einfachen Hühnern, sondern von einem Wundertier.

Der Hase als österlicher Eier- und Gabenbringer ist eine relativ junge Erscheinung. Die erste gesicherte Nachricht stammt aus dem Jahre 1682. In einem Bericht des Heidelberger Medizin-Professors Georg Frank liest man: «In Südwest-Deutschland, in der Pfalz, im Elsass wie auch in Westfalen werden diese Eier die Haseneier genannt. Man macht dabei einfältigeren Leuten und kleinen Kindern weis, diese Eier brüte der Osterhase aus und verstecke sie im Garten. Man will sie so von den Buben um so eifriger suchen lassen, zum erheiternden Gelächter der Älteren.»

Als Eier bringender Frühlingsbote galt früher nicht nur der Osterhase; in Hessen war es der Fuchs, in Holstein und Sachsen der Hahn, im Elsass der Storch und in der Schweiz der Kuckuck, der die Ostereier brachte.

In Zahlen ausgedrückt: Wenn die Lust zur Last wird

Guter Sex ist das Beste, was man Körper und Seele antun kann – möchte man meinen. In Wahrheit ist «die natürlichste Sache der Welt» kompliziert genug und längst nicht für alle Praktizierenden ein Segen.

Mann stelle sich vor, der Mann hätte in seinem Leben nur **1** Versuch, die Lust auf Frau auszuleben – und schon folgte dem Höhepunkt sein letzter Atemzug. So geschieht's bei den Honigbienen (*Apis mellifera*). Ist eine von den mehreren hundert Drohnen pro Königin endlich zur Kopulation mit der Chefin gekommen, bleiben ihre Genitalien im weiblichen Körper stecken. Dadurch wird der Weg für andere willige Konkurrenten verplombt; nur zum Preis der tödlichen Verletzung hat das Männchen angesichts der großen Konkurrenz eine Exklusivchance auf Nachkommen. Und doch keine absolute Sicherheit, denn die Königin kann die Plombe entfernen und sich erneut paaren.

Weniger opferbereit zeigen sich Würmer. Die Herren versiegeln die zentimetergroße Gemahlin mit einem Sekret, das dem Weibchen gleichzeitig als Nahrung dient. Den meisten Arten allerdings fehlen Strategien gegen Mehrfachbegattungen: Manch ein Schnabelkerfen-Weibchen der Art *Xylocoris maculipennis* beispielsweise bekommt Spermien von gleich **2** Männchen auf einmal ab. Dies geschieht, wenn der Sexualpartner sich vor dem Insektenweibchen mit einem anderen Männchen eingelassen hat und nun dessen Sperma mit in seinem eigenen Genitaltrakt befördert.

Spannend wird es, wenn sich zwei Weinbergschnecken (*Helix pomatia*) zum Sex verabreden. Die Zwitter haben erst einmal zu klären, wer welche Rolle übernimmt – natürlich im Schneckentempo. Nach mehreren Stunden der Kopulation gibt nur eines der Tiere innerhalb von **4** bis **7** Minuten eine riesige Menge von Spermien ab, obwohl beide Tiere ihren **10** Millimeter langen kalkigen Liebespfeil in den Fuß des Partners geschossen haben.

Während Schnecken ihrem Namen also auch in sexuellen Angelegenheiten alle Ehre machen, scheint der Mensch die Bit-und-Bytes-Geschwindigkeit auf diesen Lebensbereich auszuweiten. Nur **17** Minuten nehmen sich die Deutschen durchschnittlich Zeit für das Liebesspiel. Mit dem ersten Mal sind die Mädchen und Jungen heute über drei Jahre früher dran als ihre Eltern. Nach einer Studie an der Universität Koblenz/Landau haben «es» **54** Prozent der Jungen und **67** Prozent der Mädchen mit 17 bereits getan.

Die wichtigste Rolle bei der sexuellen Aufklärung der Teenager spielt die Mutter. Auch in Sachen Verhütung geht die Frau voran: Noch immer rangiert das Kondom auf Platz zwei hinter der Antibabypille. Übrigens bezeichnen in der Studie mehr Jungen als Mädchen den ersten Akt als «schön» – **77** Prozent. Und der Spaß an der Lust hält an: Immerhin bringt es der durchschnittliche Deutsche auf **100** bis **129** Geschlechtsakte pro Jahr.

Oder haben die Befragten ein klein wenig übertrieben? Während Männer beim Smalltalk gern mit ihrer Potenz angeben, schummeln Frauen eher bei ihrer physischen Erscheinung – gerade so, als ob Mann und Frau meinen, den Rollenvorstellungen des anderen Geschlechts entsprechen zu müssen. Oder warum sonst sollte sich Frau in etwa **200** Millimeter hohe Absatzschuhe zwängen? Jedenfalls haben die Bemühungen Erfolg – zumindest einen vorübergehenden: Im Jahre 2000 trauten sich insgesamt rund **420 000** Paare auf einem deutschen Standesamt. Allerdings sank die Geburtenzahl um rund 5000 gegenüber dem Vorjahr auf **776 000** Kinder. Dafür stieg die Zahl der Scheidungsfälle im Jahre 2000 um 3 818 auf insgesamt 194 408 amtlich verbriefte Trennungen, sodass heute, rein statistisch, jede dritte Ehe irgendwann wieder geschieden wird. Vielleicht vermutet der Volksmund ja doch zu Recht: Lügen haben kurze Beine.

KAPITEL 14

Sehen und Gesehenwerden

16 Fragen zur optischen Wahrnehmung: von Regenbögen, Atompilzen und Taucherbrillen.

Warum gibt es keine senkrechten oder waagerechten Regenbögen?

Ein Regenbogen wird sichtbar, wenn die Sonne hinter einem steht und es vor einem regnet. Dann treffen die Lichtstrahlen auf die Tropfen und werden von ihnen umgelenkt – und zwar immer in einem Winkel von rund 40 Grad. Was man als Regenbogen wahrnimmt, sind die Strahlen, die exakt so umgelenkt werden, dass sie dem Betrachter ins Auge fallen. Und das funktioniert nur, wenn der Regenbogen die Form eines Kreises hat.

Übrigens wird das Kreisstück umso größer, je tiefer die Sonne steht: Bei Sonnenuntergang streift das Licht die Erdoberfläche – und man sieht einen Halbkreis. Bei hohem Sonnenstand ist der Regenbogen flacher, besteht also nur aus einem kleineren Ausschnitt des Kreises. Mit viel Glück lässt sich der Regenbogen vom Flugzeug aus als vollständiger Kreis erblicken.

Warum ist die Zugspitze vom Süden aus betrachtet 25 Zentimeter höher als aus nördlicher Sicht?

Weil die Festlegung der Meeresspiegelhöhe (Normalnull) von Land zu Land variiert. Die Deutschen orientieren sich am «Amsterdamer Pegel», dem rechnerischen Mittelwasser der Nordsee. In Österreich aber gilt der «Triester Pegel» – und der liegt 25 Zentimeter unter dem «Amsterdamer».

Können Regenwürmer sehen?

Mit Sinnesorganen sind Regenwürmer, die zur Unterklasse der *Oligochaeta* gehören, eher karg ausgestattet. Immerhin können die Wenigborster Hell und Dunkel unterscheiden. Zudem würden Augen den Regenwürmern im Boden sowieso wenig nützen. Das Tageslicht meiden sie. Denn die UV-Strahlung der Sonne könnte die nützlichen Kriecher schädigen oder sogar töten.
Schlechte Überlebenschancen haben Regenwürmer auch bei einem makabren Zeitvertreib unreifer Kinder: Sie neigen dazu, per Scherenschnitt aus einem Regenwurm zwei Würmer zu zaubern. Dabei kann es zwar passieren, dass das Kopfteil weiterexistiert, sofern lebensnotwendige Organe in diesem Abschnitt intakt geblieben sind. Doch das Schwanzende würde auf jeden Fall nach ein paar Zuckungen verenden. Besser also, man lässt den nützlichen Wurm ungeschoren.
Und noch eine Bitte an experimentierfreudige Kinder: Auch wenn sein Name eine gewisse Affinität zum Wasser nahe legt; selbst ein Regenwurm ertrinkt, wenn man ihn in fingerdicken Regenpfützen ablegt.

Sind alle drei Streifen der Trikolore – der Nationalflagge Frankreichs – gleich breit?

Die Abbildungsfehler des Auges durch Farbzerstreuung (chromatische Aberration) führen dazu, dass rote Objekte in der Nähe von blauen Objekten schmaler scheinen, als sie wirklich sind. Um diesen Effekt zu vermeiden und den Eindruck von drei gleich großen Streifen zu erwecken, stehen die Farben Rot, Weiß und Blau im Verhältnis von 37 : 33 : 30.

Würde die Sonne schlagartig erlöschen – wann würde es auf der Erde dunkel?

Fünfhundert Sekunden später. So lange nämlich ist das Licht von der Sonne bis zur Erde unterwegs – mit beinahe 300 000 Kilometern pro Sekunde. Das Tageslicht wäre weg, und die Temperatur fiele rapide.

Planeten sind Himmelskörper, die nicht selber leuchten, sondern das Licht ihrer Sonne (Stern) reflektieren. Viele der Planeten außerhalb unseres Sonnensystems werden vom Licht der Sonne überstrahlt und können deshalb nicht mit einem Teleskop entdeckt werden. Trotzdem konnte ihre Existenz nachgewiesen werden. Wie?

Die Schwerkraft des Planeten versetzt dessen Sonne in eine leichte Wackelbewegung. Dieses Schwanken lässt sich zum Beispiel anhand von messbaren Frequenzverschiebungen im Sternenlicht nachweisen.

Können Tiere Farben sehen?

Außer uns Menschen können auch viele andere Wirbeltiere, verschiedene Insekten, Krebse und Tintenfische Farben sehen. Allerdings nehmen manche Tiere die Farben anders wahr als wir: Wenn wir einen Regenbogen betrachten, scheint er für uns außen mit einem roten Streifen zu beginnen und auf seiner Innenseite mit einem violetten aufzuhören. Danach wird das Licht zu kurzwellig für unser Auge. Manche Nagetiere aber sollen auch noch dieses so genannte Ultraviolett sehen können – ebenso die Bienen. Manchen Fischen erschiene die Farbenpracht am Himmel wiederum ganz eintönig: Sie können nur Blau sehen. Macht aber nichts – tief unter Wasser gibt es schließlich selten Regenbögen.

Warum wirkt der Mond so riesig, wenn er über dem Horizont aufgeht, und so klein, wenn er hoch am Himmel steht?

Der Mond scheint, wenn er auf- oder untergeht, viel größer zu sein als auf seiner Bahn über den Nachthimmel. Klar ist, dass dies eine optische Täuschung sein muss: Denn die objektive Größe der Mondscheibe bleibt immer gleich. Die Mondillusion kommt offenbar zustande, wenn das Gehirn die zweidimensionalen Bilder, die zunächst auf der Netzhaut der Augen eintreffen, zu einem dreidimensionalen räumlichen Bild verrechnet. Vor allem zwei Hypothesen gibt es:
Die eine besagt, unser Gehirn versuche, die Größe eines entfernten

Gegenstandes durch Vergleich mit anderen Objekten abzuschätzen; und deshalb erscheine der Mond am Horizont neben Bäumen und Bergen riesig, oben am Firmament mangels Vergleichsmöglichkeiten hingegen kleiner.
Die zweite Hypothese sieht den Grund in einer optischen Täuschung, die mit der Entfernungseinschätzung zusammenhängt: Sind zwei Objekte auf unserer Netzhaut gleich groß, wird das weiter entfernte als größer wahrgenommen. Der aufgehende Mond werde vom Gehirn als riesig eingeschätzt, weil er weiter entfernt ist als die Objekte am Horizont. Die Distanz des hoch am Himmel stehenden Mondes hingegen lässt sich – ohne ein räumliches Bild ermöglichende Objekte im Vordergrund – schwer ermessen; er wird als näher und kleiner empfunden.

Handelt es sich bei blauem Bernstein um eine Fälschung?

Für gewöhnlich und in unseren Breiten nimmt der Bernstein, dessen Urstoff Baumharz ist, eine goldgelbe, orange oder bräunliche Tönung an. Kaum bekannt hingegen ist, dass es diese Steine auch in roter, grüner oder blauer Farbe gibt. Besonders rar und bei Sammlern sehr begehrt ist der blaue Bernstein (Ambar) aus der Dominikanischen Republik.
Im Gegensatz zum baltischen Bernstein, dessen Harz von Nadelbäumen stammt, verdankt die karibische Variante ihre Herkunft einer Laubbaumart (*Hymeneae*). Verwandte dieses Tropenbaumes wachsen noch heute in der Dominikanischen Republik. Schon bei der kleinsten Verletzung, etwa einem Spechthieb, scheiden sie ein besonders helles, dünnflüssiges Harz ab. Vor 20 bis 45 Millionen Jahren floss es so reichlich, dass es nicht nur die größten, sondern auch besonders klare Exemplare der heute bekannten Bernsteinbrocken hinterließ. Sie enthalten zudem besonders viele Einschlüsse (Inklusen) von Pflanzen und Tieren. Selbst Wirbeltiere wie Frösche, Leguane und Geckos wurden schon in blauen Bernsteinen gefunden.
Für Forscher sind solche Einschlüsse ein Fest, denn die meist gut erhaltenen fossilen Pflanzen und Tiere geben Auskunft über Flora und Fauna vor Millionen Jahren.

Seine ungewöhnliche Färbung verdankt der Ambar seiner geologischen Entstehungsgeschichte: Große Hitze, verursacht durch Vulkane, und hoher Druck durch Meereswasser haben Zusammensetzung und Molekülstruktur des Harzes so verändert, dass er sich in einen Stein verwandelte, der das einfallende Licht blau reflektiert. Ähnliches gilt auch für andere Farbtöne.
Im Bernsteinkabinett des Naturkunde-Museums Stuttgart zeigt ein blauer Riese von 2,8 Kilogramm besonders viele Farbfacetten: Fällt das Licht von oben ein, scheint er blau; Voraussetzung ist allerdings ein dunkler Hintergrund. Fehlt dieser – wie beim seitlichen Lichteinfall –, wirkt der Stein goldbraun.
Noch ein Tipp für Bernsteinkäufer: Was im Handel als «echter Bernstein» feilgeboten wird, sind in Wirklichkeit unter Hitze und Druck zusammengepresste Schleifreste – auch «Pressbernstein» genannt. Das Etikett «Naturbernstein» hingegen zeichnet natürlich entstandene Steine aus. So zumindest will es die Interessenvertretung der Edelsteinhändler, die «Confédération Internationale de la Bijouterie, Joaillerie, Orfèvrerie des Diamants, Perles et Pierres» (CIBJO).

Wieso bildet sich nach einer Atomexplosion eine pilzförmige Wolke?

Der durch die Explosion verursachte Feuerball erhitzt die Luft in Sekundenbruchteilen. Die heiße Luft steigt schnell hoch und saugt vom Boden Schmutz und kleine Steine auf, die den Stamm des Pilzes bilden. Weiter oben kühlt die Luft wieder ab, dehnt sich aus und bildet so den Pilzkopf.

Warum ist der Himmel an schönen Tagen blau?

Würde das Sonnenlicht ungestört durch die Erdatmosphäre auf uns herabscheinen, würden wir am Himmel nur eine gleißend helle Scheibe sehen und den schwarzen Sternenhimmel – ganz wie die Astronauten im Weltraum. Tatsächlich aber wird das Sonnenlicht auf seinem Weg von Luftteilchen abgelenkt – Physiker sprechen von Streuung –, und zwar umso stärker, je kürzer die Wellenlänge des Lichtes ist. Die kurzen Wellenlängen des sichtbaren Sonnenlichtes sind blau. Also wird das blaue Licht am stärksten gestreut und kommt aus allen Richtungen des

Himmels. Das nicht sichtbare UV-Licht der Sonne hat eine noch kürzere Wellenlänge, wird deshalb noch stärker gestreut. Dies ist der Grund dafür, dass man auch im Schatten braun werden oder sogar einen Sonnenbrand bekommen kann. (Wer das Phänomen im Lexikon nachschlagen möchte: Stichwort «Rayleigh-Streuung».)

Warum sieht nasse Kleidung dunkler aus als trockene – obwohl Wasser doch farblos ist?

Ehrlich gesagt, wir wissen es nicht genau. Selbst gestandene Physikprofessoren reagieren verlegen auf diese Frage. Eine denkbare Erklärung wäre, dass das Wasser in der Kleidung einen Teil des einfallenden Lichtes absorbiert. Der reflektierte Lichtanteil wäre damit geringer, weshalb der Stoff dunkler erscheint.

Schließlich bedeutet die Tatsache, dass Wasser farblos ist, nicht, dass es kein Licht schluckt. Die Eigenschaft «farblos» verursacht beim Durchleuchten dünner Wasserschichten lediglich, dass keine Farbe des Spektrums sichtbar herausgefiltert wird. Vom Tauchen aber wissen wir, dass der Blauanteil des einfallenden Lichtspektrums von größeren Wasserschichten weniger stark verschluckt wird als etwa andere Farben – was an den blaustichigen Unterwasseraufnahmen leicht erkennbar ist.

Wie entstehen die «Kondensstreifen» von Düsenflugzeugen?

Dampf, also gasförmiges Wasser, benötigt zum Kondensieren Teilchen, die «Kondensationskeime» genannt werden. Sie sind die Voraussetzung dafür, dass sich im Dampf Wassertröpfchen bilden können. Bei hoher Luftfeuchtigkeit schreiben Flugzeuge Kondensstreifen in den Himmel, weil ihre Düsenmotoren über die Abgase Kondensationskeime in die sehr reine Höhenluft pusten.

Welches berühmte Menschenbauwerk kann man vom Mond aus mit bloßem Auge sehen?

Wer jetzt an die Chinesische Mauer denkt, liegt falsch. Dass der Schutzwall ein imposantes Längenmaß besitzt – insgesamt über 6000 Kilometer –, ist unbestritten.

Doch wie das Gerücht entstehen konnte, dass ausgerechnet diese nur wenige Meter breite Linie aus Stein mit bloßem Auge vom Mond aus sichtbar sein soll, ist rätselhaft. Sonst müsste man ja auch jede Autobahn mühelos erkennen können. Kann man aber nicht. Denn aus 380 000 Kilometern Entfernung mag die blaue Farbe unseres Heimatplaneten faszinieren, ganz gewiss aber kein einziges Stück Architektur auszumachen sein.

Wo lässt sich die höchste Pyramide der Neuzeit bewundern?

Alexander Golod, Manager einer Waffenfabrik, hat sich im Nordosten von Moskau eine Pyramide errichten lassen. Das immerhin 44 Meter hohe Konstrukt besteht aus Plastik, ebenso ein Dutzend anderer Pyramiden, die Golod in Russland erbauen ließ. Er behauptet, die in seinen Pyramiden fließende Energie verwandle Leitungswasser in wohltätiges Elixier, schütze Besucher vor Schnupfen, reduziere Verbrechen. Bis zu 3000 Besucher pilgern allein zur Moskauer Pyramide – jeden Tag! Standort: auf einer Brache 30 Kilometer hinter Moskau an der Autobahn nach Riga.

Warum sieht der Mensch unter Wasser mit Taucherbrille schärfer als ohne?

Das menschliche Auge ist so konstruiert, dass das Bild auf der Netzhaut nur scharf wird, wenn die Lichtstrahlen genau an der Augenoberfläche gebrochen werden. Ist Wasser auf dem Auge, erfolgt keine Brechung, weil der Brechungsindex von Wasser und menschlichem Auge fast identisch ist.

In Zahlen ausgedrückt: Wie das Gucken beim Menschen funktioniert

Der Mensch erkennt mit seinen Augen zwar nicht so viel wie zum Beispiel eine Grubenotter. Aber dass er überhaupt etwas sieht, ist erstaunlich – und überlebenswichtig.

Augen auf – und ein riesiger Apparat an Zellen beginnt zu arbeiten. In Sekundenbruchteilen liefert er uns ein Bild von der Welt, scharf und dreidimensional.

Rund **120 000 000** Stäbchen, die besonders empfindlich auf Licht reagieren, erzeugen in der Dämmerung Hell-dunkel-Unterschiede sowie Grauwerte. Bei ausreichender Helligkeit kommt Farbe ins Geschehen – durch mehr als **6 000 000** Zapfen, deren drei Typen jeweils auf Rot, Grün oder Blau spezialisiert sind. Beide Sorten von Fotorezeptoren liegen in der untersten Schicht der Netzhaut, die den Hintergrund des Augapfels auskleidet. Das Licht muss also erst zwei Lagen von Nervenzellen passieren, um einen Impuls auszulösen. Dank dieser Architektur sehen wir allerdings besser, denn so wird das Streulicht verringert, das die Sinneszellen erreicht. Außen auf der Netzhaut liegen die Nervenzellen, deren Fortsätze den Sehnerv bilden. Als Bündel aus **1 000 000** Fasern verlässt er das Auge und zieht sich ins Sehzentrum am Hinterkopf.

Als Licht nimmt der Mensch elektromagnetische Strahlung mit Wellenlängen von **740** bis 400 Nanometer wahr. Der Spektralbereich von **700** bis **650** Nanometer löst normalerweise das Signal «Rot» aus. Wer bei diesen Wellenlängen nur Grau sieht, ist fehlsichtig. Rot-Grün-Blindheit, bei der die beiden Farben eins sind, tritt in Westeuropa bei durchschnittlich **80** von tausend Männern, jedoch nur bei sechs von tausend Frauen auf.

Anders als etwa Bienen oder Grubenottern mit ihren speziellen Sinnesorganen bleiben dem Menschen der ultraviolette und der infrarote Wellenbereich unerreichbar – zumindest ohne technische Hilfsmittel; doch selbst die Wahrnehmung des nur schmalen Lichtspektrums dominiert die Sinneseindrücke. Die Augen liefern rund **40** Prozent der sensorischen Informationen, die dem Gehirn zufließen.

An den Augen bemerkt der Mensch am ehesten auch das Altern. Bereits vom **30.** Lebensjahr an nimmt die Sehschärfe ab, da die Linse ihre Krümmungsfähigkeit verliert und nahe Liegendes nicht mehr fixieren kann. Mit einem verschwommenen Blick hat das Leben auch begonnen: Ein Säugling vermag die Linse gar nicht zu krümmen. Sie bleibt so eingestellt, dass Gegenstände in einer Distanz von ungefähr **20** Zentimetern scharf abgebildet werden.

Auf dem Höhepunkt der Sehkraft können Menschen dank des Anpassungsvermögens des Auges zwei nur 1,5 Millimeter voneinander entfernte Punkte aus fünf Meter Entfernung als getrennt wahrnehmen. Beim Umschalten von Fern- auf Nahsicht erhöht die Linse ihre Brechkraft um **10** Dioptrien, sodass wir auf zehn Zentimeter Entfernung noch scharf sehen.

Im Laufe des Lebens spielen sich Auge und Hirn so gut aufeinander ein, dass Frauen lediglich **8** und Männer nur **5** Sekunden brauchen, um das Äußere eines potenziellen Partners auszuwerten. Während «sie» vor allem seine Schultern und noch intensiver sein Gesicht begutachtet, richtet «er» seine Blicke vorwiegend auf Bauch, Hüfte und Busen. Im Gesicht ist für «ihn» ein winziges Detail wichtig: die Pupille. Diese Art Lochblende in der Regenbogenhaut, der Iris, reguliert die ins Auge fallende Lichtmenge. Sie kann sich bis auf **1,5** Millimeter Durchmesser verengen. Männer fühlen sich aber offenbar stärker zu Frauen mit weiten Pupillen hingezogen. Die Liebe auf den **1.** Blick keimt also bei Kerzenschein viel eher als unter greller Beleuchtung.

KAPITEL 15

Kopfarbeiten

13 Fragen für und zu Aktivitäten des Geistes: von Neandertalern, Mathematikprofessoren und Dichtern.

Benutzte der Neandertaler Klebstoff?

Neandertaler, die vor etwa 200 000 bis 30 000 Jahren weite Teile Europas besiedelten, galten in Forscherkreisen lange Zeit als tumb, grobschlächtig und beschränkt – kurzum: Urzeit-Rambos mit bescheidenen Geistesgaben.

Doch dieses Image wandelt sich. Einer der Gründe: Die Menschen aus der Altsteinzeit (Paläolithikum) bastelten bereits mit Birkenpech. Dieser urzeitliche Allzweckkleber ist Wissenschaftlern schon lange bekannt. Er wurde verwendet, um Klingen in Schäfte einzukitten, zum Abdichten von Geräten oder auch als Kaugummi. Bisher konnten Archäologen die Verwendung von Birkenpech allerdings nur für das Mesolithikum (Mittelsteinzeit, 8000 bis 5600 v. Chr.) und das Neolithikum (Jungsteinzeit, 5600 bis 2200 v. Chr.) nachweisen. Neandertalern traute kaum ein Forscher diesen Kleber zu. Denn seine Herstellung erfordert technisches Können und hoch entwickelte geistige Fähigkeiten.

Im Gegensatz etwa zu Baumharzen, die einfach aufgesammelt werden, bedarf es für die Produktion von Birkenpech eines kontrollierten Verschwelungsprozesses. Fachleute sprechen von einer «trockenen Destillation». Dazu muss Birkenrinde zu Stückchen oder Röllchen zerkleinert werden und anschließend unter Ausschluss von Sauerstoff bei einer konstanten Temperatur zwischen 340 und 370 Grad Celsius erhitzt werden. Nur dann verschwelt die Rinde zu Teer, der durch Aushärten zu glashartem Birkenpech wird.

Dass schon die Neandertaler dieses Verfahren beherrschten, konnte inzwischen belegt werden. Bei Königsaue im Elbe-Saale-Gebiet fanden Geologen in den 60er Jahren – inmitten umfangreicher Reste eines Neandertaler-Lagerplatzes – zwei schwarzbraune Klumpen. Ihre Form verriet, dass sie geknetet wurden. Auf einem der beiden Brocken entdeckten die Forscher sogar den Fingerabdruck eines Neandertalers. Chemiker vom Doerner-Institut in München analysierten Ende der 90er Jahre die beiden Klumpen und stellten fest: Es handelt sich um Birkenpech und nicht – wie die Wissenschaftler bis dahin annahmen – um Baumharz. Die Keulen schwingenden Schwergewichtler aus der grauen Vorzeit können also gar nicht so beschränkt gewesen sein.

Eine Schachtel Streichhölzer und zwei Seile sind vorhanden. Die Seile sind weder gleich lang noch irgendwie gleich beschaffen, doch sie brennen beide genau eine Stunde lang gleichmäßig ab. Wie lassen sich mit diesen drei Dingen genau 45 Minuten bestimmen?

Das erste Seil wird an beiden Enden entzündet, gleichzeitig wird das zweite Seil an nur einem Ende angesteckt. Wenn das erste Seil abgebrannt ist – nach einer halbe Stunde –, wird das zweite Seil auf der anderen Seite in Brand gesteckt. Sobald nun auch das zweite Seil verbrannt ist, sind 45 Minuten vergangen.

Haben Elefanten ein Gedächtnis?

Die Dickhäuter besitzen ein erstaunliches Erinnerungsvermögen, das dem sprichwörtlichen «Elefantengedächtnis» sehr nahe kommt. Die Verhaltensforscherin Karen McKomb von der Universität Sussex konnte das mit Hilfe eines Experiments belegen. Im kenianischen Amboseli-Nationalpark zeichnete sie die Begrüßungsrufe von Elefanten-Damen auf, die zu 27 unterschiedlichen Familien gehörten. Anschließend spielte sie den Tieren ihre Bänder vor. Kannten die Elefanten «die Grüßerin» gut, antworteten sie freundlich. Handelte es sich eher um eine lose Bekanntschaft, hörten sie zwar zu, erwiderten den Gruß aber nicht. Ertön-

te vom Band jedoch eine unbekannte Stimme, dann wurde die Herde unruhig und versuchte, sich aufgeregt gegen die fremde Dame zu verteidigen. Die Forscherin schätzt, dass Elefanten bis zu 100 verschiedene Begrüßungslaute individuellen Artgenossen zuordnen können. Offensichtlich werden diese Informationen über einen längeren Zeitraum gespeichert. Denn als McKomb den Ruf einer bereits vor zwei Jahren verstorbenen Elefantenkuh ihrer Familie vorspielte, antworteten die Tiere und bewegten sich freudig auf das Tonbandgerät zu.
Elefanten verständigen sich mit Lauten, die sie mit ihren Stimmbändern erzeugen. Die meisten Töne liegen in Frequenzbereichen von nur 14 bis 24 Hertz und sind von Menschen nicht mehr wahrnehmbar. Dafür ist die Reichweite dieser extrem tiefen Töne enorm. Die Biologin Caitlin O'Connell-Rodwell von der Stanford-Universität vermutet sogar, dass mit diesen Tönen Bodenwellen erzeugt werden, die Elefanten noch in Entfernungen von 30 Kilometern – und mehr – mit ihren Füßen wahrnehmen können. Das zumindest würde Phänomene erklären, die Parkwächter in Namibia immer wieder beobachteten: Dort liefen Elefantenherden Regen entgegen, der gerade 160 Kilometer entfernt in Angola niederging. Die Tiere könnten durch Donnerschläge verursachte Bodenwellen als Vibrationen fühlen und daraus ihre Schlüsse ziehen.

Diese Zahl ist vollkommen, mehr noch: Sie ist die herrlichste aller vollkommenen Zahlen. Gott, Moses und Jesus folgten ihrem Maß. Aber nicht sie ist hier gesucht, sondern ihre nächstgrößere Schwester, der ein besonders inniges Verhältnis zum Mond nachgesagt wird.

Gemeint ist die Zahl 28, weil der Mond die Erde binnen 28 Tagen umrundet. Die 28 ist nach der Sechs die zweite vollkommene Zahl. Eine Zahl heißt vollkommen, wenn die Summe ihrer Teiler gleich der Zahl selbst ist: $28 = 1 + 2 + 4 + 7 + 14$ oder $6 = 1 + 2 + 3$. Die Sechs galt als herrlichste vollkommene Zahl, da Gott die Welt in sechs Tagen erschuf, Moses empfahl, den Acker sechs Jahre zu bestellen, um ihn dann ein Jahr lang brachliegen zu lassen; und Jesus soll am sechsten Tag der Woche in der sechsten Stunde gekreuzigt worden sein.

Wie viel wiegt ein Schwarzes Loch?

Sie sind der Albtraum aller Astrologen: Schwerkraftmonster, die in der Tiefe des Universums lauern und alles an sich ziehen. Schwarze Löcher waren früher einmal riesige Sonnen, die am Ende ihres Lebens in sich zusammengestürzt sind. Immer weiter. Bis nur noch eine megadichte Kugel übrig blieb. Forscher haben ausgerechnet, dass schon ein Fingerhut eines Schwarzen Lochs viele Milliarden Tonnen wiegen würde! Die Anziehungskraft dieser kosmischen Objekte ist so riesig, dass sie alles verschlingen, was in ihre Nähe kommt: Monde, Planeten, Sonnen, selbst Licht. Was für ein Trost, dass diese Ungeheuer weit weg sind von der Erde – so wie jenes, das ein Team der Europäischen Südsternwarte im November 2001 entdeckte: ungefähr 40 000 Lichtjahre von der Erde entfernt.

Orientieren sich Männer schneller als Frauen?

Ja, zumindest in einem Experiment der Universität Ulm. Dort benötigten zwölf Testmänner im Durchschnitt zwei Minuten und 21 Sekunden, um aus einem virtuellen Labyrinth herauszufinden. Die zwölf Frauen hingegen irrten durchschnittlich drei Minuten und 16 Sekunden umher.

Kann man sicher sein, dass sich in einem einen Kilometer hohen Stapel aufeinander gelegter Lottoscheine mit jeweils einem Tipp pro Schein der Hauptgewinn befindet: sechs Richtige plus Superzahl?

Ein Lottoschein ist, präzise vermessen, 0,12 Millimeter dünn. Die Wahrscheinlichkeit, dass sich der Supergewinn in dem einen Kilometer hohen Stapel befindet, beträgt sechs Prozent oder, anders ausgedrückt, 1 : 16,7. Folglich muss der Stapel 16,7 Kilometer hoch sein, damit auf jeden Fall das ganz große Los dabei ist. Die Wahrscheinlichkeit, mit nur einem Schein den Supergewinn abzukassieren, beträgt dabei 1 : 139,8 Millionen.

Tut Spechten vom Hämmern der Kopf weh?

Im Pochen auf Bäume sind Spechte absolute Spezialisten. So dient ihr Gehacke nicht nur dazu, Löcher in Baumstämme zu picken, um unter

der Rinde nach leckeren Insekten Ausschau zu halten. Die Vögel zimmern sich auf diese Weise auch ihre Nisthöhlen zurecht – und «unterhalten» sich sogar miteinander. Vogelforscher nennen das den «Trommelgesang». Schmerzliche Vorstellung, wenn Menschen ihre Schädel gegen Holzwände klopfen müssten, um miteinander zu sprechen.
Den Spechten indes macht das nichts aus. Bei den meisten Arten sind die Knochen an der Stirn und zwischen den Augen besonders stark entwickelt. Außerdem haben die Tiere kräftige Schädelmuskeln, die an Schnabel und Kiefergelenk ansetzen. Sie sind so konstruiert, dass sie den harten Stoß sanft abfedern – vergleichbar etwa unserer Beinmuskulatur, die den Aufprall mindert, wenn wir von einer Mauer springen.

Ein Mathematiker trifft seinen Kollegen und fragt: «Was machen deine drei Kinder, wie alt sind sie eigentlich?» Darauf antwortet der Vater mit einer Rechnung: «Das Produkt ihrer Lebensalter ist 36, und die Summe ist so groß wie meine Hausnummer.» Sein Kollege überlegt kurz und fragt dann: «Ist denn die Sache damit eindeutig?» Entschuldigend antwortet der leicht zerstreute Vater: «Nein, nein, noch nicht, aber das jüngste Kind sieht meiner Frau sehr ähnlich.» Wie alt sind die drei Kinder?

Das jüngste ist eins, die anderen beiden sind sechs Jahre alt. Denn von allen Möglichkeiten, aus drei ganzen Zahlen das Produkt 36 zu bilden, haben nur zwei Zahlenfolgen die gleiche Summe, nämlich: 1 6 6 und 2 2 9. Folglich muss es eine dieser Varianten sein, sonst wäre die Sache schon mit der Hausnummer eindeutig. Die Zusatzinformation, dass das jüngste Kind der Mutter ähnlich sieht, bedeutet, dass es ein jüngstes Kind gibt. Folglich kommt nur die Variante 1 6 6 in Frage.

Ist Grün für alle Menschen Grün?

«Sind alle Menschen im Wesentlichen gleich?» ist eine alte Frage, die Wissenschaftler, Philosophen und Politiker seit jeher beschäftigt. Auch die Linguisten erforschen dieses Thema. Denn immerhin sprechen Menschen unterschiedliche Sprachen – aber nehmen sie die Dinge dieser Welt deshalb auch unterschiedlich wahr? Ist etwa Grün also für jeden

Menschen Grün, auch wenn wir dafür höchst unterschiedliche Ausdrücke verwenden?

Ende der 60er Jahre stellten die Anthropologen Brent Berlin und Paul Kay die Theorie auf, dass alle Menschen Farben auf die gleiche Weise wahrnehmen. Demnach gebe es elf universell wahrnehmbare Basisfarben, die typische Bereiche im Farbspektrum abdeckten. Kultur und Sprache, so folgerten die Wissenschaftler, könnten auf solch elementare Sinneserlebnisse keinen Einfluss nehmen.

Neuere Studien legen jedoch das Gegenteil nahe. Ein englisches Psychologen-Team untersuchte Sprache und Farbwahrnehmung der Berinmo, eines indigenen Volkes in Papua-Neuguinea. Dabei stellten sie fest: Nicht die Wahrnehmung von Farben beeinflusst unsere Sprache, sondern die Sprache prägt die Wahrnehmung.

Die Berinmo verwenden fünf einfache Farbwörter. «Wapa» bezeichnet sehr bleiche Farben, «Kel» sehr dunkle. «Mehi» enthält unser Rot, umfasst aber auch Teile von Pink und Orange. «Wor» beschreibt Bereiche von Gelb, Orange, Braun, Khaki und Gelbgrün, während das Wort «Nol» im Wesentlichen unser Grün und unser Blau umfasst. In einer Serie von Experimenten überprüften die Forscher, ob sich die Berinmo in ihrer Fähigkeit, Farben und Farbgrenzen wahrzunehmen, von Europäern unterscheiden. Das verblüffende Resultat: Die Fehler einzelner Berinmo, die korrekte Farbe wieder zu erkennen, bezogen sich auf ihr Sprachmuster – und unterschieden sich deutlich von den Fehlern englischsprachiger Menschen. Die Namensgrenze von «Wor» und «Nol» beispielsweise schneidet – für uns unnatürlich – das Farbspektrum unseres Grüns. Andererseits aber beinhaltet «Nol» auch unser Blau. Demzufolge verwechselten einige Berinmo zwar unser Grün und Blau – was einem Europäer kaum passieren würde –, aber niemals «Wor» und «Nol» – ein Fehler, der etwa britischen Testpersonen durchaus öfter unterlief.

Die Schlussfolgerung der Wissenschaftler lautete daher: Farbwahrnehmung und das dazugehörende Vokabular sind keineswegs universell; sie sind vielmehr von der jeweiligen Umwelt oder Kultur der Menschen geprägt, in denen Farben eine spezifische Rolle spielen.

Ein unterbezahlter Mathematikprofessor pflegte sein kärgliches Salär dadurch aufzubessern, dass er seinen Studenten folgende Wette anbot: «Ich wette, dass mindestens zwei Menschen in diesem Raum zur selben Jahreszeit geboren wurden.» Wie viele Studenten müssen sich außer ihm in dem Raum befinden, damit seine Gewinnchancen besser als 50 : 50 stehen?

Zwei Studenten genügen. Dann beträgt seine Gewinnchance – Gleichverteilung der Geburtstage über das Jahr vorausgesetzt – fünf zu acht. Wie man das herleitet? So:

Bei gegebenen vier Jahreszeiten gibt es für jede Person vier Möglichkeiten für den Geburtszeitpunkt. Befinden sich zwei Personen – also Professor plus ein Student – im Raum, gibt es 4 x 4 = 16 Möglichkeiten. Davon betreffen vier die gleiche Jahreszeit. Also beträgt die Wahrscheinlichkeit 4 : 16 = 1 : 4.

Befinden sich drei Personen im Raum, gibt es 4 x 4 x 4 = 64 Möglichkeiten. Davon betreffen 40 die gleiche Jahreszeit für mindestens 2 Personen. Also beträgt die Wahrscheinlichkeit 40 : 64 = 5 : 8.

Wie wiegt man ohne Waage einen Baum?

Stattliche 2000 Tonnen würde der schwerste Baum der Welt, der Riesenmammutbaum «General Sherman» (*Sequoiaddendron giganteum*) im Sequioa National Park in Kalifornien, auf die Waage bringen. Aber auf die Waage kann man das intakte Naturdenkmal nun mal nicht stellen.

Forstwissenschaftler gehen anders vor, um das Gewicht solcher Riesen zu bestimmen. Von fast jeder Baumart kennt man die Dichte des Holzes. Die Experten wissen etwa, dass ein Kubikmeter Ahorn 970 Kilogramm wiegt, ein Kubikmeter Kiefer aber nur 800. Auch die Höhe eines Baumes lässt sich mit einem Messgerät ziemlich leicht bestimmen, ebenso der Umfang eines Stammes. Aus der Höhe und dem Umfang berechnet man das Volumen.

Dabei kommt es natürlich auf die Baumart an. Eichen haben eher breite Kronen mit vielen Ästen, Pappeln oder Fichten sind dagegen schlank. Also haben sie bei gleicher Höhe vermutlich weniger Volumen. Um das

zu bestimmen, gibt es spezielle Tabellen. In denen steht dann, wie groß die durchschnittliche Krone einer 10-Meter-Eiche ist, oder auch, wie viele Wurzeln sie hat.
Haben die Forstleute auf diese Weise das Gesamtvolumen bestimmt, müssen sie nur noch diese Zahl durch die Dichte des Holzes teilen. Heraus kommt das Gesamtgewicht. Klingt kompliziert? Ist aber garantiert einfacher, als «General Sherman» auszugraben und auf eine Waage zu wuchten. Dessen Stammvolumen beträgt übrigens 1487 Kubikmeter – genug Holz, um fünf Milliarden Streichhölzer draus zu machen.

Zwei identische Gläser sind gleich hoch gefüllt. In dem einen ist Wasser, in dem anderen Wein. Aus dem Wasserglas wird ein Teelöffel entnommen und in das Weinglas gegeben, dann die Mischung verrührt. Nun wird von dem Gemisch ein Teelöffel in das Wasserglas geschüttet. Ist nun mehr Wasser im Wein oder mehr Wein im Wasser?

Es ist ebenso viel Wasser im Wein wie Wein im Wasser. Das Ergebnis lässt sich mit Hilfe eines Modells veranschaulichen: Wir füllen in das eine Glas zwölf rote Kugeln, in das andere 12 blaue. Dann entnehmen wir dem ersten Glas vier rote Kugeln und lassen acht zurück. Die vier roten Kugeln werden mit den zwölf blauen Kugeln im zweiten Glas gemischt. Dabei entsteht ein Mischungsverhältnis von drei blauen zu einer roten Kugel. Diesem Glas entnehmen wir dann wieder vier Kugeln – entsprechend dem Mischungsverhältnis drei blaue und eine rote – und geben sie in das erste Glas zurück. Somit befinden sich nun in jedem Glas drei Kugeln von der anderen Farbe und – ganz wichtig – die gleiche Ausgangsmenge.

In Zahlen ausgedrückt: Wie Dichter über ihren Werken grübeln

Manche Schriftsteller schreiben ihre Texte in Windeseile, andere opfern fast ihr ganzes Leben einem einzigen Roman – und werden doch nicht fertig. Das Ringen im Kopf um die richtige Form treibt viele in die Verzweiflung.

64 Jahre lang, im Alter von 18 bis 82, schrieb Goethe an seinem «Faust». Solche Zeitspannen für die Arbeit an einem einzigen Werk sind in der Literaturgeschichte gar nicht so selten: Mindestens **22** Jahre bastelte Robert Musil an seinem «Mann ohne Eigenschaften», jenem unvollendeten Roman von zweitausend Seiten, den kaum jemand je komplett gelesen hat. Seine einstige Fangemeinde vergaß den Autor über dieser endlosen Schreiberei schon bei Lebzeiten.
Unfertige Werke müssen allerdings nicht zwingend zu Vereinsamung und Armut führen – wenn der Künstler andere für sich einzuspannen versteht. So werkelte James Joyce zwar **15** Jahre lang an «Finnegans Wake», beschäftigte derweil aber einen Schwarm von Jüngern, die ihm Dienste leisteten, Beifall klatschten und das bizarre Familienleben des Genies genießen durften.
Wesentliche Voraussetzung für ein großes Werk ist vielfach Besessenheit. Dazu gehört neben Rücksichtslosigkeit gegen sich und andere die Lust, auch die eigenen körperlichen Gebrechen noch künstlerisch auszuschlachten. Mehr als **7** Jahre war Marcel Proust «Auf der Suche nach der verlorenen Zeit», lag schwer asthmakrank im Bett und schützte seine zerrütteten Nerven mit korkbeschlagenen Zimmerwänden vor der Außenwelt. Selbst sein nahendes Ende verwertete Proust noch literarisch: Bereits in Agonie, kritzelte er seine letzten Zeilen.
Doch die wenigsten Schreiber lieben ihre kreative Qual. Über die «grauenhaften Anstrengungen der Kunst», über «Sklavenarbeit» jammerte Gustave Flaubert in Briefen an seine Freunde während der fünf Jahre dauernden Entstehungszeit der «Madame Bovary». Dazu kommt oft materielle Not: Viele Autoren spalteten ihre Arbeitskraft in ungeliebte, schnell heruntergeschriebene Auftragstexte und Herzblutwerke, mit denen sie sich plagten. So quälte sich Herman Melville eineinhalb Jahre mit «Moby Dick» und brachte oft tagelang kein einziges Wort zu Papier,

lieferte aber schon nach vier Monaten «Redburn» und «White-Jacket» ab, zwei Romane für den schnellen Broterwerb.

Wahrhafte Dichtertitanen produzierten solche Massen, dass von Weltliteratur bis Schund schier alles dabei ist. Von Balzac wird behauptet, er habe täglich bis zu 23 Stunden bei geschlossenen Fensterläden und Kerzenlicht gearbeitet. Er schrieb seine Druckfahnen gleich mehrmals um und warf dennoch sein 400-Seiten-Epos «Vater Goriot» innerhalb von **6** Wochen auf das Papier. Insgesamt umfasst Balzacs Lebenswerk 91 Romane und Erzählungen mit mehr als 3000 Personen.

Balzacs Zeitgenossin George Sand beendete um ein Uhr nachts einen Roman, zündete sich eine Zigarre an und begann sogleich den nächsten, den sie – wie etwa «Teufelssumpf» – bereits nach **4** Tagen fertig hatte. Das war Sands männlichen Kollegen unheimlich: Alfred de Musset nannte sie «den Typus der gebildeten Amsel», für Nietzsche war sie eine «Schreibkuh».

Flaubert hingegen brauchte einmal **3** Tage, um ein einziges, eben das einzig passende Wort zu finden. Es heißt, er habe sich während dieser Zeit unablässig auf dem Boden gewälzt. Und Rilke litt sogar über zehn Jahre an «einer notvollen Schaffenskrise», bis «in einem namenlosen Sturm, einem Orkan» innerhalb weniger Tage sechs «Duineser Elegien» aus ihm herausbrachen, allein für die fünfte, immerhin über hundert hochkomplexe Zeilen lang, brauchte er nicht einmal **1** Tag.

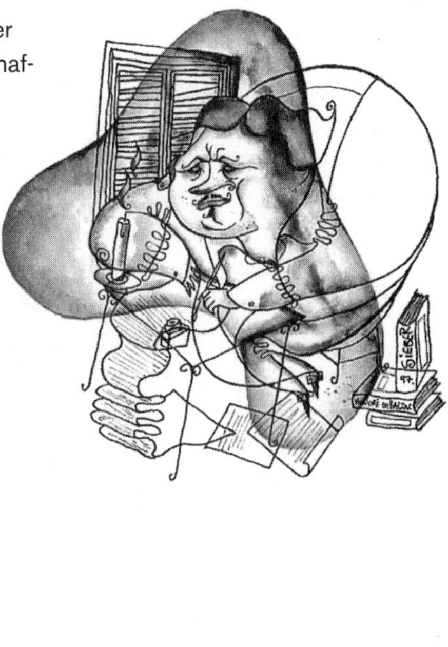

KAPITEL 16

Jahre, Tage, Stunden und Sekunden

9 Fragen zum Phänomen Zeit: von Geburtstagen, Schleppsekunden und der Langsamkeit.

Wann genau wurde Jesus geboren?

Ziemlich wahrscheinlich ist, dass er nicht am 25. Dezember, dem Weihnachtstag, das Licht der Welt erblickte. Erst seit dem 4. Jahrhundert wird dieser Termin als Geburtstag von Jesus überliefert. Davor feierten Christen auch schon andere Tage im Jahr als Geburtstag des Herrn.

Übrigens soll sein Geburtsort auch gar nicht Bethlehem sein, sondern – nach Meinung fast aller modernen Bibelforscher – Nazareth.

Warum drehen sich die Zeiger der Uhren im Uhrzeigersinn, also von links nach rechts?

Weil die Erfinder der Uhr sie so konstruiert haben, dass sich ihre Zeiger in dieselbe Richtung drehen wie der Zeiger einer Sonnenuhr auf der nördlichen Erdhalbkugel.

Hätten die Erfinder auf der südlichen Halbkugel gelebt, wo sich die Sonnenuhren in entgegengesetzter Richtung drehen, würden heute vermutlich alle Zeiger von rechts nach links laufen.

Warum eruptieren manche Geysire auf die Minute genau?

Ein Geysir besteht aus einer Kaverne. Sie liegt tief in der Erde in der Nähe einer großen Wärmequelle, etwa einer Magmablase, und ist durch eine Röhre mit der Erdoberfläche verbunden. In dieser Röhre steht eine Wassersäule, die auf die Flüssigkeit in der Kaverne drückt. Die Kavernenflüssigkeit wird von der Wärmequelle erhitzt, durch den entstehenden Wasserdampf erhöht sich der Druck in dem Hohlkörper. Ist der Druck in der Kaverne höher als das Gewicht der darüber liegenden Wassersäule, entlädt er sich explosionsartig: Der Geysir eruptiert.
Da alle Faktoren in diesem Prozess – Wärmezufuhr, Wassermenge, -temperatur und -druck – sehr konstant sind, halten auch die Ausbrüche des Geysirs einen sehr präzisen Rhythmus ein.

Die Erde dreht sich einmal in 24 Stunden um ihre eigene Achse. Wo auf der Welt wird man dabei am schnellsten mitgedreht?

Am Äquator. Denn dort müssen die Menschen innerhalb von 24 Stunden den vollen Erdumfang von 40 000 Kilometern bewältigen. Wer hier wohnt, wird von der Erdrotation auf eine konstante Geschwindigkeit von 1667 Stundenkilometern beschleunigt. In Deutschland geht es gemächlicher zu: Hier bewegen wir uns «nur» mit 1000 Stundenkilometern – ohne dass wir irgendetwas von diesem Irrsinnstempo spüren.

Wie langsam ist «so langsam wie möglich»?

Experten streiten sich derzeit darüber. Stein des Anstoßes ist das Musikstück «Organ²/ASLSP». Seit dem 5. September 2001 wird es im sachsen-anhaltinischen Halberstadt aufgeführt und in 639 Jahren soll dieses Konzert beendet werden.
1987 komponierte John Cage – ein Schüler Arnold Schönbergs – das moderne Werk mit Hilfe eines Zufallsprogramms. Der Organist Gerd Zacher brachte es im gleichen Jahr bei den «16ièmes Rencontres internationales de Musique Contemporaine» in Metz zur Uraufführung. Sie dauerte genau 29 Minuten.
Viel zu schnell, behaupteten einige der Zuhörer im Fachpublikum. Schließlich stehe die Abkürzung «ASLSP» im Titel für «as slow as pos-

sible» – so langsam wie möglich. Wie langsam aber «so langsam wie möglich» ist, daran scheiden sich die Geister. Denn anders als auf dem Klavier klingen die Töne einer Orgel nach dem Anschlag nicht aus. Solange ein Gebläse die Pfeifen mit komprimierter Luft, dem «Orgelwind», versorgt, ist auch ein Ton zu hören. Einige Bewunderer des Schönberg-Schülers sind sich daher sicher: Die Lebensdauer des Instruments muss die Länge der Interpretation bestimmen. Theoretisch könnte sich «Organ²/ASLSP» also über ein paar hundert Jahre erstrecken.

Eine kleine Gruppe von Cage-Fans wollte diese Idee in die Praxis umsetzen und installierte eigens für das Langzeitkonzert eine neue Orgel in der St.-Burchardi-Kirche zu Halberstadt. Dort sollen nun manche Akkorde des Stückes Jahre oder gar Jahrzehnte lang erklingen; ein Wechsel der Töne findet lediglich alle paar Monate statt. Zur Erinnerung an den Geburtstag des Komponisten – den 5. September 1912 – soll stets am Fünften eines Monats ein Organist einen neuen Ton anschlagen. Und damit der Musiker nicht über Gebühr belastet wird, darf die entsprechende Orgeltaste anschließend mit Gewichten fixiert werden. Da der Komponist an den Anfang des Stückes die «Generalpause» setzte, in der nur das Orgelgebläse zu hören ist, begann das Konzert mit dieser Pause am 5. September 2001. Die ersten Töne des Werkes werden am 5. Januar 2003 angespielt: ein zweigestrichenes Gis, ein eingestrichenes H und ein eingestrichenes Gis. Zwei weitere Töne (E' und E) kommen am 5. Juli 2004 hinzu. Zusammen ergeben sie dann einen E-Dur-Dreiklang.

Die erwartete Aufführungslänge des Cage-Konzertes von 639 Jahren ist allerdings bisher nur das Resultat einer Hochrechnung; die tatsächliche Lebensdauer der Halberstädter Orgel muss erst noch unter Beweis gestellt werden.

Alles Quatsch, meint hingegen der Organist Gerd Zacher, dem John Cage das Stück einst widmete. Das Werk, so habe es der Komponist seinem Interpreten anvertraut, solle «klingen wie ein Räuspern und dann vorbei sein».

Wieso sind Frühling und Sommer auf der Nordhalbkugel länger als Herbst und Winter?

Unsere Jahresquartale sind unterschiedlich lang: Der Frühling auf der Nordhalbkugel hat 92,8 Tage, der Sommer 93,6 Tage, der Herbst 89,8 Tage und der Winter nur 89 Tage. Auf der Südhalbkugel ist das natürlich genau umgekehrt. Warum ist das so?

Schon der Astronom Kepler wusste: Die Umlaufbahn der Erde um die Sonne ist nicht kreisrund, sie hat die Form einer Ellipse, deren Entfernung zur Sonne zwischen 147,1 und 152,1 Millionen Kilometern schwankt. Dabei hat unser Planet den größten Abstand zur Sonne – man staune – mitten im Sommer, auf der Nordhalbkugel also Anfang Juli. Dieser variable Abstand zur Sonne ist «schuld» an der unterschiedlichen Länge der Jahreszeiten. Denn die Erde bewegt sich auf ihrer Bahn in Nähe der Sonne schneller als in großer Entfernung zu ihr. Das hat zur Folge, dass unser Sommer im Norden ein paar Tage länger anhält und unser Winter kürzer ist.

Wenn einige Menschen behaupten, es würde im Herbst immer schneller früher dunkel, ist das richtig. Denn die Erde beschleunigt ihre Fahrt im Herbst bis zum sonnennächsten Punkt ihrer Bahn im Nordwinter.

Warum bleiben die Sekundenzeiger von Bahnhofsuhren beim Erreichen der vollen Minute immer für kurze Zeit stehen?

Bahnhofsuhren sind Funkuhren, die von der Atomuhr in Braunschweig ferngesteuert werden. Für die Sekundenanzeige braucht die Uhr allerdings einen zusätzlichen Motor, der nicht funkgesteuert wird. Stattdessen ist der Sekundenmotor so programmiert, dass er in 59 Sekunden 60 Schritte macht.

Wenn der Sekundenzeiger also nach 59 Sekunden wieder auf der 12 steht, wartet er, bis der Minutenzeiger seinen Impuls aus Braunschweig erhält. Diese Wartezeit bis zum Umspringen des Minutenzeigers nennen Fachleute «Schleppsekunde».

An ihrem Geburtstag – nach unserem Kalender am 3. Februar im Jahre 2 n. Chr. – kam die Katze des römischen Kaufmanns Marcellus im Alter von vier Jahren durch einen tragischen Verkehrsunfall ums Leben. In welchem Jahr wurde das arme Tier geboren?

Da es das Jahr null nicht gibt, also das Jahr 1 n. Chr. auf das Jahr 1 v. Chr. folgt, wurde die Katze am 3. Februar des Jahres 3 v. Chr. geboren. Genau genommen allerdings gab es den christlichen Kalender damals noch gar nicht. Zur Zeit von Marcellus galt der julianische Kalender, der 46 v. Chr. von Julius Caesar eingeführt wurde.

Gibt es die Zeit?

Nein, denn sie ist nichts weiter als eine hartnäckige Illusion. Das zumindest behauptet eine neue Theorie über das Wesen der Zeit und wirft damit unsere bisherigen Vorstellungen über den Haufen.

Im 17. Jahrhundert definierte der englische Physiker Isaac Newton die Zeit als eine absolute Größe. Er behauptete, das Universum bewege sich entlang eines Pfades in einer stets gleich verlaufenden Zeit. Dieser klassischen Zeitvorstellung verdanken wir unter anderem die Möglichkeit, in der Schule schöne Diagramme zu zeichnen: Sie bestehen aus einer t-Achse für die Zeit und einer x-Achse für die Strecke; in dieses Koordinatensystem lassen sich dann Geraden oder Kurven einfügen.

Die moderne Physik jedoch verwarf das Konzept Newtons schon Anfang des 20. Jahrhunderts zugunsten der Relativitätstheorie Albert Einsteins. Demnach ist es unmöglich, eine absolute Zeit zu definieren. Anders als Newton bringt Einstein in seiner Theorie den Beobachter ins Spiel. Die Beurteilung von Zeit und Raum falle, so sagte der deutsche Physiker, für Beobachter, die sich mit unterschiedlicher Geschwindigkeit bewegen, auch unterschiedlich aus.

Seit Mitte der sechziger Jahre versuchen Wissenschaftler, die Erkenntnisse der Relativitätstheorie mit denen der Quantenphysik – sie beschreibt das Verhalten der atomaren Welt – zu verknüpfen. Auf diese Weise wollen sie einer «Weltformel» auf die Spur kommen, die das Geschehen des gesamten Universums erfasst. Bislang stehen sie dabei jedoch vor einem ungelösten Problem. Denn die Relativitätstheorie besagt, dass Raum und Zeit durch die Masse und ihre Bewegung bestimmt sind. Die Quantenphysik hingegen geht davon aus, dass der Ort einer Masse und ihr Impuls – also ihre Bewegung – nicht gleichzeitig genau gemessen werden können.

Der englische Physiker Julian Barbour behauptet nun, diese beiden zentralen physikalischen Theorien verknüpfen zu können: Indem er kurzerhand das Problem – nämlich die Zeit – abschafft. Die Idee von der Zeit ersetzt er durch sein Konzept der «Nows»: einer Vielzahl von parallel existierenden «Jetzt-Zuständen». Nach Barbours Vorstellung bewegen sich Atome nicht in einem externen Rahmen von Raum und Zeit. Stattdessen verschmelzen Materie und Raum zu einer einzigartigen Anordnung, die das gesamte Universum umfasst. Alle «Nows» sind mögliche Strukturvarianten – räumlich-materielle Konfigurationen – dieses einen Universums: zeitlose «Zeitkapseln» mit einer perfekten Statik.

Unser «Gefühl» für zeitliche Veränderungen und auch für Bewegung bezeichnet Barbour als bloße Täuschung unseres Gehirns. Einen Sprung seiner Katze Lucy etwa, den wir als Bewegung wahrnehmen, sieht er als «Serie von Standfotos». Es gebe, sagt der englische Physiker, nicht eine einzige springende Lucy, sondern unzählige Lucys – eingeschlossen in die «Nows» des Universums. Nur weil wir eine dieser Lucys aus ihren «Zeitkapseln» herauslösen, können wir glauben, die Katze wäre gesprungen. Doch in Platonia, wie Barbour sein Universum nennt, springen Katzen nicht; sie sind einfach nur da.

Bisher steht Julian Barbour mit seiner Theorie allerdings noch abseits der herrschenden Lehrmeinung, und so wird sich erst mit der «Zeit» erweisen, ob sein Konzept stimmt oder nicht.

In Zahlen ausgedrückt: Wie die innere Uhr des Menschen tickt

Auf das rhythmische Muster seiner Körpervorgänge hat niemand Einfluss.

0,1 Sekunden dauern im Schnitt die elektrischen Schwingungen der Gehirnströme des ruhenden Menschen, ausgelöst durch die Aktivität von einhundert Milliarden Neuronen. Fast alle Körpervorgänge laufen nach einem rhythmischen Muster. Uhrwerken gleich erzeugen sie ihre eigene Zeit und bestimmen so den Zyklus, in dem wir denken, essen, wachen und schlafen – und Stunden verstreichen fühlen. **3** Sekunden währen die Takteinheiten, in denen unser Bewusstsein Gegenwart erlebt: Ein Blinzeln, eine Gedichtzeile, ein Kuss – und schon beginnt ein neues «Jetzt».

Doch das Zeitgefühl schwankt je nach Tageszeit und Körpertemperatur. Die innere Uhr tickt mal schneller, mal gemächlicher. Der Morgen scheint eher vorüberzugehen als der Abend, und die Minuten beim Zahnarzt sind für den Gequälten tatsächlich endlos.

Menschen erleben den Tag in Einheiten von jeweils anderthalb Stunden: So lange können wir uns konzentrieren. Dann überfällt uns Hunger, wird das Verlangen nach einer Tasse Kaffee übermächtig oder will die Blase entleert werden. Auch im Schlaf durchlaufen wir 90-Minuten-Zyklen: Einer traumlosen Periode folgt eine REM-Phase mit den charakteristischen schnellen Augenbewegungen unter geschlossenen Lidern und lebhaften Träumen. Anderen Kreaturen geht es, je nach Größe, entsprechend: Elefanten durchleben einen Tag von **12** mal zwei Stunden, Mäuse huschen **20** bis 30 Minuten umher und sind dann ebenso lange ruhiger.

Drei Stunden lang atmen Menschen durch ein Nasenloch, dann wechseln sie auf das andere. Die Ausschüttung vieler Hormone schwankt in einem Rhythmus von zwei bis vier Stunden. Kraft und Konzentration erreichen zwei Gipfel, die etwa acht Stunden voneinander entfernt sind – einen morgens, einen abends.

Der uns innewohnende Tag-Nacht-Zyklus würde rund **25** Stunden dauern, stellten ihn nicht jeden Morgen äußere Faktoren auf null. Vor allem das Sonnenlicht löst eine Hormonkaskade aus, die den Körper auf «wach» schaltet und uns so mit unserer Umwelt synchronisiert.

Aber auch das Sozialverhalten beeinflusst die innere Uhr. Beim Schlaf-wach-Rhythmus erfüllt der klingelnde Wecker die Funktion eines sozialen Zeitgebers. Wer uhrenlos und völlig isoliert lebt und dazu noch bei geschlossenen Fensterläden schläft, wird dagegen immer später müde und schläft jeden Tag länger.

Kosmische Prozesse halten unsere inneren Rhythmen in Takt. Der Mond synchronisiert den weiblichen Zyklus von durchschnittlich **29,5** Tagen. In dessen Verlauf schwanken Stimmung, Krankheitsanfälligkeit und Todesrisiko. Übrigens unterliegen auch Männer einer Periode – in der ihr Bart unterschiedlich schnell wächst und die Prostata an- und abschwillt. **365** Tage dauert der Kreislauf, während dessen zum Beispiel das Schlafbedürfnis (von März an weniger) und die Abwehrkräfte des Körpers (von März an mehr) oszillieren. Das Zyklische ist ein Kennzeichen der Natur. Der Mensch hat sich in seinen körperlichen Funktionen daran angepasst. Doch auch die Psyche rechnet mit der ewigen Wiederkehr. Das nie ganz sichere Eintreten des Erhofften wird gefeiert – mit Neujahr, Geburtstag und Jubiläen.

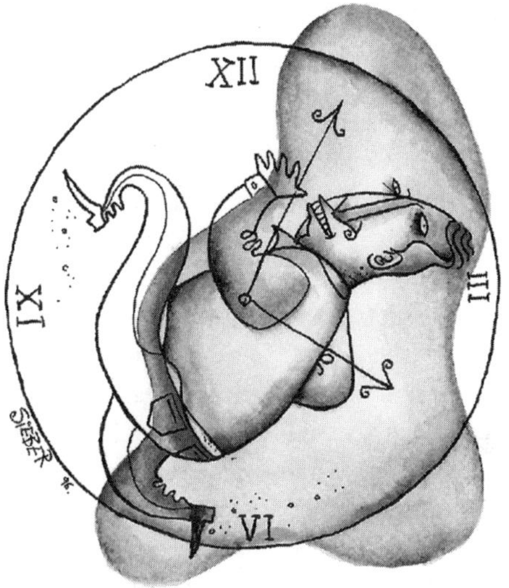

KAPITEL 17

Am Ende des Lebens

10 Fragen zu Vergänglichkeit und Tod: von Eintagsfliegen, Mumien und Organspendern.

Warum können wir nicht ewig leben?

Es ist zwar gelungen, unsere durchschnittliche Lebenserwartung durch verbesserte Hygiene, Ernährung und medizinische Versorgung kontinuierlich zu steigern, aber älter als 120 Jahre scheint kein Mensch zu werden. Denn um zu leben, muss unser Körper ständig durch Zellteilung neue Zellen produzieren, um z. B. Schleim, Speichel oder Magensäfte zu produzieren oder Blut-, Haut- und Darmzottenzellen zu ersetzen. Doch die Zellen unseres Körpers können sich nicht unbegrenzt oft teilen. Sie altern und werden irgendwann teilungsunfähig. Eine der Ursachen dafür ist das Telomerenphänomen: In jedem Zellkern liegt die Erbinformation in Form von Chromosomen vor. Jedes dieser Chromosomen hat ein Telomer (ein DNS-Stück), das bei jeder Teilung etwas kürzer wird. Ist das Telomer aufgebraucht, dann kann keine Kopierung des Erbgutes und damit keine Zellteilung mehr stattfinden. Lediglich Krebszellen entgehen diesem Schicksal: Sie haben ein Gen aktiviert, das die Ergänzung des Telomers bewerkstelligt. Wollte man in Zukunft die Lebenserwartung der Menschen verlängern, dann müsste man u. a. auch Wege finden, die Telomeren zu regenerieren, ohne dass die Zelle dabei zur Krebszelle mutiert.

Wie lange leben Eintagsfliegen?

Wahr ist, dass *Ephemoptera* als geschlechtsreifes Flugwesen nur eine sehr flüchtige Existenz hat. Da ihre Mundwerkzeuge verkümmert sind und der Darm funktionslos ist, kann das Insekt keine Nahrung aufnehmen. Es ist zum Hungertod verdammt – und nutzt die Zeit, so gut es geht: mit Hochzeitsflug, Paarung, Eiablage. Ein ambitioniertes Programm, das mit dem Tod der Fliege endet – binnen weniger Stunden oder weniger Tage. Allerdings geht dem geschlechtsreifen Endstadium eine ein- bis vierjährige Entwicklungszeit als Larve voraus. Diese Jugendzeit verbringt die Eintagsfliege im Wasser – aus dem sie sich schließlich für kurze Lebenszeit in die Lüfte erhebt.

Wer war «Typhus Mary»?

Eines der düstersten Kapitel in der Geschichte des amerikanischen Gesundheitswesens begann mit der Immigration der jungen Mary Mallon im Jahr 1868. Sie wurde zur ersten «gesunden» Überträgerin des Typhusbazillus in den USA. Das bedeutet, dass Mary Mallon zwar Kontaktpersonen mit dem Erreger infizierte, selbst aber von der Krankheit in ihrem Körper gar nichts merkte.

Das Prekäre an diesem Fall: Mary Mallon arbeitete als Köchin und schien es mit der Hygiene nicht allzu genau zu nehmen. Vorschrift war es, sich dauernd die Hände zu waschen, bevor man Speisen zubereitete. Doch weil Mary dies unterließ, nahm mancher mit seiner Mahlzeit auch den Erreger zu sich, eine Salmonellenart (*Salmonella typhi*).

Wer an Typhus leidet, hat vor allem mit Fieber zu kämpfen, das ein bis drei Wochen lang 40 Grad Celsius betragen kann. Erst reagiert der Darm mit Verstopfung, dann mit quälendem Durchfall. Das Martyrium hält wochenlang an – und erwischt vor allem jüngere Menschen, eben wie Mary, die bei ihrer Ankunft nicht mal 20 Jahre alt war.

1907 wurde sie von der Gesundheitsbehörde in New York als Virenträgerin aufgespürt und sogleich in Quarantäne gesteckt. Bis dahin hatte sie mehrere Dutzend Menschen infiziert; einige waren der Schwere ihrer Krankheit sogar erlegen. Das Guinness Buch der Rekorde lastet Mary insgesamt 1400 Krankheitsfälle an. Das dürfte allerdings weit überschätzt sein. Sie starb 1938 im Riverside Hospital in New York City, wo sie die Behörden in jahrzehntelanger Isolation gehalten hatten.

Kriegt man weiße Haare, wenn man sich zu Tode erschreckt?

Wer Angst hat, von einem Moment zum anderen bleiche Haare zu haben, kann beruhigt sein: Dieses Phänomen gibt es nicht.
Durchschnittlich 120 000 Haare trägt man auf dem Kopf. Es sind nichts als tote Körperzellen, die beim Wachsen von der Haarwurzel durch die Kopfhaut nach außen geschoben werden. Pigmente in den Haaren sorgen für die Farben, ob Blond, Braun, Schwarz oder Rot. Oder eben Weiß.
Weiße Haare kann man nicht über Nacht bekommen. Erst mit zunehmendem Alter werden keine Pigmente mehr gebildet, sondern Luftbläschen im Haar eingelagert. Diese reflektieren das Licht und lassen die Behaarung weiß, grau oder silbern aussehen, je nachdem, wie viele man davon hat. Da alle Haare nach einigen Jahren ausfallen und dann neu wachsen, hat der farblose Nachwuchs bald die Mehrheit auf der Kopfhaut errungen.

Warum verfärbt sich das Laub?

Einen tieferen biologischen Sinn in den prächtigen, von Gelb über Rot bis hin zu Braun variierenden Herbstfarben verschiedener Laubbäume sahen Wissenschaftler lange Zeit nicht. Das Farbenspiel sei, so die vorherrschende Theorie, ein zufälliges Begleitprogramm von Stoffwechselvorgängen: Gelbtöne etwa entstünden durch den Abbau des grünen Blattpigments Chlorophyll, dessen essenzielle Bestandteile vor dem Blattabwurf in das Speichergewebe des Stammes und der Zweige verlagert werden. Dadurch trete die Eigenfarbe der gelben Carotinoide – anderer Blattfarbstoffe – in den Vordergrund. Eine Rotfärbung hingegen gehe auf die vor allem im Herbst neu synthetisierten so genannten Anthocyane (im Zellsaft gelöste Farbmoleküle aus Zuckern und Flavonoiden) zurück.
Weil aber die Synthese neuer Pigmente Energie erfordert und in der Natur selten nutzloser Aufwand betrieben wird, entwickelten Evolutionsbiologen eine neue Interpretation. Objekt ihrer Betrachtung waren 262 durch verschiedene Blattlausspezies befallene Baumarten. Blattläuse gelten als besonders wählerisch hinsichtlich ihrer Wirte und nutzen nachweislich Farbkriterien für die Auswahl. Die Untersuchung

ergab, dass die natürliche Selektion offenbar diejenigen Bäume überleben lasse, die eine besonders effektive «Kriegsbemalung» entwickelten – «Warnfarben», die den Läusen signalisieren sollen, dass ein Baum besonders stark sei und also in der Lage, mit etwaiger Läusebrut fertig zu werden.

Wann ist ein Mensch wirklich tot?

Der Hirntod gilt heute als «Todeszeitpunkt». Mit ihm versiegt die elektrische Aktivität des Gehirns – Wahrnehmung, Bewusstsein und die zentralnervöse Steuerung elementarer Lebensfunktionen fallen für immer aus. Der Hirntod leitet den «biologischen» Tod ein, da nun in allen Geweben und Organen der Stoffwechsel endgültig zum Erliegen kommt. In der Haut entstehen etwa eine halbe Stunde später erste Totenflecke, da das Blut in die tiefer gelegenen Teile der Leiche absackt. Nach etwa zwei Stunden setzt die Leichenstarre ein, da sich Stoffwechselprodukte wie zum Beispiel Milchsäure in den Muskelzellen anhäufen und Eiweiße, die während der Muskelbewegung aneinander vorbeigleiten, ein starres Netz bilden. Die Starre breitet sich vom Kopf über den Rumpf bis in die Extremitäten aus und löst sich mit beginnender Zersetzung in derselben Reihenfolge nach drei bis vier Tagen wieder auf.
Scheintot hingegen sind Menschen in tiefer Bewusstlosigkeit mit stark eingeschränkten Lebensfunktionen. Betroffene können spontan oder durch Wiederbelebungsmaßnahmen das Bewusstsein wiedererlangen.
Gesetzliche Vorschriften und Untersuchungsmethoden, wie das Elektrokardiogramm (EKG) und das Elektroenzephalogramm (EEG) zur Messung der Herz- und Hirnstromkurven, schließen heute die Gefahr fast völlig aus, als Scheintoter lebendig begraben zu werden.
Aus Angst vor einem qualvollen Todeskampf im Sarg legten im 18. Jahrhundert zahlreiche Menschen testamentarisch fest, den eigenen Tod durch einen Herzstich oder die Öffnung der «Leiche» endgültig zu besiegeln.

Können Tote auferstehen?

Amerikanischen Wissenschaftlern gelang es immerhin schon, menschliche Nierenzellen wieder ins Leben zurückzuholen – acht Tage nach ihrem Tod. Das Prinzip der Auferstehung haben sich die Forscher bei der Sternschnuppe (*Nostoc commune*), einem Cynanobakterium, abgeschaut. Die Pflanze aus der Gattung Schleimling oder Zittertang ist ein wahrer Überlebenskünstler. Sie bewohnt extrem trockene Lebensräume und lebt auf Felsen, wo sie zuweilen völlig austrocknet und lange Zeit ohne Wasser auskommt. Der Trick: *Nostoc commune* hüllt seine Zellen mit Glycan ein. Diese komplexen, langkettigen Zuckermoleküle schützen die Zellmembran und passen sich den Wasserverhältnissen an. Innerhalb weniger Minuten kann das Glycan von einer bröseligen, ausgetrockneten Kruste zu einer gallertartigen Substanz aufquellen. In den Zuckermolekülen sind zudem Pigmente eingelagert, welche die Zellen vor der schädlichen Wirkung der UV-Strahlung abschirmen.

Den Wissenschaftlern gelang es, das Glycan des Cynanobakteriums zu isolieren und mit menschlichen Nierenzellen zu vermischen. Dann ließen sie ihre Proben bei Zimmertemperatur austrocknen. Nach acht Tagen brachten sie die Zellen wieder in Kontakt mit Wasser. Die Hälfte der Zellen erwachte zu neuem Leben und begann sich zu teilen.

Die Forscher hoffen darauf, eines Tages ganze Organe zu trocknen und bei Bedarf wieder beleben zu können. Doch bis zur Tüten-Leber oder zur Instant-Niere ist es noch ein weiter Weg.

Kann man sich im Weltall bestatten lassen?

Kein Problem. Die Amerikaner – wer sonst? – machen es möglich: Celestis nennt sich die Raumfahrtfirma mit Sitz in Houston, die seit 1997 die Asche Verstorbener ins All befördert. Allerdings nur sieben Gramm davon. Eine gänzlich eingeäscherte Leiche wiegt immerhin noch mehrere Pfund. Da wäre der Flug ins Himmelreich nicht für jene 12 500 Dollar zu haben, die Celestis für ihre beiden Premiumangebote «Lunar Service» und «Voyager Service» in Rechnung stellt.

Hierbei wird die Asche in lippenstiftgroße «Urnen» gefüllt, die – mit einer Widmung versehen – an Bord kleiner Transportraketen vom Typ Taurus entweder in die Mondumlaufbahn (Lunar) oder geradewegs ins große schwarze Nichts geschossen werden (Voyager). Eine Discountvariante für 5300 Dollar nennt sich «Earthview Service» – die Raketen schaffen es nur bis in die Erdumlaufbahn. Nach einiger Zeit kehren sie wieder in die Atmosphäre zurück und verglühen – wie Sternschnuppen.

Hinterbliebene können den Start der Totenraketen auf dem Stützpunkt Vandenberg, rund zweieinhalb Autostunden nordwestlich von Los Angeles, miterleben – und ein Video als Erinnerung mit nach Hause nehmen. Angeblich haben sich schon einige Dutzend Amerikaner auf die letzte Reise in den Orbit begeben: darunter Gene Roddenberry, der Erfinder von «Raumschiff Enterprise», und der LSD-Guru Timothy Leary. Einzige Deutsche soll eine tödlich verunglückte junge Frau aus dem Schwarzwald sein.
Ob sich das Geschäft wirklich auszahlt, ist allerdings fraglich: Celestis hat das Angebot schon nach unten erweitert und bietet für 299 Dollar den Ad Astra Service an: «Bei dieser Dienstleistung wird ein Stern nach einer Person benannt und eine energiegeladene digitale Gedenkwidmung zu den Sternen übertragen», heißt es geheimnisvoll auf der offiziellen Website von Celestis. Und der zuletzt angekündigte Starttermin für die nächste Rakete – Ende 2001 – ist offenbar ereignislos verstrichen.

Woher stammt die älteste bislang bekannte Mumie?
Nein, nicht aus Ägypten. Im heutigen US-Bundesstaat Nevada fanden Forscher die erhaltenen Reste eines Mannes, der vor etwa 9400 Jahren – am Ende der letzten Eiszeit – in einer staubtrockenen Höhle beigesetzt wurde.
Das Bedürfnis, menschliche Reste für die Ewigkeit zu erhalten, ist so alt wie die Geschichte des Homo sapiens. Die Kunst, Leichen auszunehmen, auszutrocknen und auszustopfen, gab es zu allen Zeiten, in fast allen Religionen und auf allen Kontinenten.
Bereits die Chinchorro-Indianer, die zwischen dem heutigen Chile und Peru lebten, mumifizierten vor 6000 bis 8000 Jahren Dahingeschiedene. Sie leerten die Körperhöhlen der Leichen, nahmen die Haut ab, trockneten Knochen und Hülle in der Sonne und setzten die Teile schließlich wieder zusammen. Eine Tonmaske bedeckte am Ende Kopf und Gesicht der Mumie.
Es waren also nicht die alten Ägypter, die diesen meist religiös motivierten Weg in die «Unsterblichkeit» erfanden. Sie brachten ihn aber früh zur Perfektion. Denn nur wessen Leib unversehrt blieb, glaubten sie damals, könne im Jenseits auferstehen. Deshalb sollte der mumifizierte

Körper möglichst naturgetreu wiederhergestellt werden. Der Tote wurde geöffnet, bis auf das Herz entnahm man ihm alle Organe und präparierte diese anschließend einzeln auf Eingeweidetischen. Das Gehirn lösten die Balsamierer entweder mit Säuren auf oder entfernten es mit gebogenen Metallhaken über die Nase. Dann desinfizierten sie den ausgenommenen Körper, entwässerten ihn mit Natronsalzen, stopften Körperhöhlen mit Lehm, Sand und trockenen Flechten aus, modellierten und bandagierten die Leiche mit Leinenbinden.
Die aufwendige Behandlung war kostspielig und für einfache Menschen unbezahlbar. Sie mussten sich mit «Billigvarianten» begnügen, deren Verfallsdatum deutlich früher eintrat. Luxuskonservierungen leisteten sich Persönlichkeiten wie Pharao Djoser, dessen Reste immerhin 4700 Jahre überdauerten. Oder Tutanchamun, dessen Leiche gut 3300 Jahre erhalten blieb.
Bei den Ibalai auf den Philippinen begann die Mumifizierung der Stammesfürsten bereits, bevor sie ihren letzten Atemzug taten. Dem Sterbenden flößte man Salzlake ein, die Leiche trocknete anschließend auf einen Stuhl gebunden über einem kleinen Feuer. Rund 900 Jahre alt sind die frühesten noch erhaltenen Ibalai-Mumien.
Auch in Tibet, Japan und Indien arbeiteten Experten an Techniken, weltliche wie geistige Führer der Nachwelt zu erhalten. Selbst im Christentum mühten sich Kirchenvertreter gelegentlich um die Erhaltung sterblicher Heiligenreste.
Auf Kühlen statt Trocknen setzten die Russen nach dem Tode des Revolutionärs Lenin. Zwei Monate bahrten sie seine Leiche bei minus 30 Grad auf; die meisten Kleinstlebewesen stellen ihre zersetzende Tätigkeit bei solchen Temperaturen ein. Dann ließen die Russen aber doch eine chemische Präparation folgen – mit ständigen Nachbesserungen. Amerikanische Firmen haben die Gefriermethoden inzwischen aus kommerziellen Interessen verfeinert. In Kalifornien ließ sich vor 35 Jahren der erste von mittlerweile weltweit etwa 60 Menschen einfrieren. 40 von ihnen hoffen darauf, ins Leben zurückzukehren, wenn die Forschung dies eines Tages ermöglichen sollte. 20 Tiefgefrorene allerdings mussten vorzeitig beerdigt werden: Die Kühlfirmen gingen Bankrott.

Welches ist der älteste noch lebende Organismus der Erde?

Im Oktober 2002 sorgte eine Entdeckung am Meeresboden der Antarktis für Schlagzeilen: Dort wachsen Riesenschwämme (*Scolymastra joubini*), deren Alter Meeresbiologen auf 10 000 Jahre schätzen. Es seien die wohl ältesten Lebewesen der Welt. Doch was ist mit *Lomatia tasmanica*? So heißt ein in mehrfacher Hinsicht eigentümliches Pflänzchen, das nur in einer einzigen winzigen Region der Welt vorkommt – in einem etwa 1,2 Quadratkilometer großen Naturschutzgebiet auf der Insel Tasmanien vor der Südostküste Australiens. Das geschätzte Alter von *Lomatia tasmanica*: 43 600 Jahre!

Auf Tasmanien hat das weit verzweigte Wurzelgeflecht der Pflanze etwa 500 identische Ableger gebildet: kleine Sträucher im Unterholz des Regenwaldes, die regelmäßig blassrostrote Blüten zeigen. Doch Samen oder Früchte produziert diese Pflanze nicht. *Lomatia tasmanica* besitzt – eine weitere Eigentümlichkeit – einen dreifachen statt einem doppelten Chromosomensatz und ist damit unfruchtbar. Nach 200 bis 300 Jahren brechen einzelne ihrer Stämme zusammen, sterben jedoch nicht, sondern bringen neue, genetisch identische Schösslinge hervor – Klone sozusagen. Die Wissenschaftler sprechen in diesem Fall von «der vegetativen Vermehrung triploider Pflanzen».

Das kaum vorstellbare Alter des Gewächses bestimmten Biologen mit Hilfe von Blattfossilien der Pflanze. Die Ablagerung war in Zellstruktur und Form identisch mit der heutigen Pflanze, und das verkohlte Holz, in dem sie gefunden wurde, konnte mit Hilfe der Radio-Karbon-Methode auf ein Alter von mindestens 43 600 Jahren datiert werden.

In Zahlen ausgedrückt: Wie der tote Mensch den Lebenden hilft

Der Tod des einen kann die Lebenschance für einen anderen sein: Geeignete Spenderorgane sind für viele chronisch Kranke die einzige Hoffnung, dem frühen Tod doch noch von der Schippe zu springen.

Mehr als **500 000** Organe wurden bisher vom Körper eines Menschen in den eines anderen übertragen. Seit 1954 in den Vereinigten Staaten von Amerika erstmals die Transplantation einer menschlichen Niere gelungen ist, ersetzen Ärzte immer häufiger funktionsfähige Körperteile von Patienten durch Spendergewebe. Allein in Deutschland geschah das seit der ersten Transplantation von 1963 bisher mehr als **60 000**-mal.

Transplantationsmediziner verweisen darauf, dass inzwischen gut zwei Drittel der Operierten noch nach einem Jahr mit dem fremden Körperteil im Leib zurechtkommen. Und sie beklagen den Mangel an Spendern. In Deutschland etwa warteten im Jahr 2000 rund **14 000** Kranke auf eine Niere, eine Leber, eine Bauchspeicheldrüse oder ein Herz. Im Jahr 2001 empfingen **3382** Kranke das Spenderorgan eines Verstorbenen – gut 10 Prozent weniger als im Vorjahr.

Neben lebenswichtigen Organen sind auch andere Gewebe begehrt: So sehen in Deutschland alljährlich etwa 3600 Sehbehinderte dank einer Spender-Hornhaut wieder die Welt. Nierenkranke erhielten im Jahre 2000 genau **2219**-mal den erlösenden Anruf, ein Spenderorgan sei verfügbar.

Gesetzlich geregelt wurde, ab wann einem Verstorbenen Organe entnommen werden dürfen: wenn das Gehirn keine Aktivität mehr anzeigt und alle Reflexe erloschen sind – der «Hirntod». Ein künstlich beatmeter Körper ist dann immer noch «lebensfrisch» – Voraussetzung dafür, dass Organe in gewünschtem Zustand «explantierbar» sind.

Hirntod-Formulare füllen Ärzte jährlich etwa **1600**-mal aus – meist bei Unfallopfern und Schlaganfallpatienten. Danach müssen sie meist die Hinterbliebenen fragen, ob Organe entnommen werden dürfen. 2001 wurde dieser Bitte **1073**-mal entsprochen. Nur 12 Prozent aller Bundesbürger stellen bereits zu Lebzeiten ihren Körper als künftiges «Rohstofflager» zur Verfügung – per Organspende-Ausweis.

Kritiker verurteilen das als Befriedigung der «Organ-Gier» und warnen vor der profitablen Ausschlachtung von Menschen. Immerhin setzen deutsche Kliniken jährlich mehrere hundert Millionen Euro mit Transplantationen um. Etwa 51 000 Euro kostet eine transplantierte Niere, und eine umgebettete Leber – im Jahre 2000 waren es **780** Stück – bringt im Durchschnitt mehr als das Doppelte.

Weltweit erhielten etwa **200** Patienten Gewebe einer anderen Spezies übertragen, zum Beispiel die Niere eines Schimpansen. Bisher waren

solche Transplantationen erfolglos – heftige Abstoßungsreaktionen führten zum Tod der Empfänger. Zwar ließen sich inzwischen «transgene» Tiere derart «designen», dass der menschliche Körper ihr Gewebe akzeptiert; doch drohen in solchem «Transplantationsgut» unabsehbare Gefahren, etwa durch unbekannte Viren.
Manch ein Patient kümmert sich selber um den Ersatz eines defekten Organs. Die Deutsche Stiftung Organtransplantation wusste noch vor ein paar Jahren von etwa **50** Patienten, die mit osteuropäischen oder asiatischen Nieren leben. Inzwischen macht sie dazu keine Angaben mehr. Nach Schätzungen kostet ein auf dem «freien Markt» erworbenes Organ etwa 10 000 Euro – die sich meist Ärzte mit Händlerbanden teilen.

Stichwortverzeichnis

Mensch

Mikroorganismen

Namen

Persönlichkeiten

Pflanzen und Pilze

Physik

Tiere

Völker, Religion

Wasser

Weltall

Wetter